Equations à une inconnue

Voici une équation d'inconnue x

$$\underbrace{x^2 + 2x}_{1^{er}\text{ membre}} = \underbrace{3}_{\text{second membre}}$$

Si on remplace x par 2, on a $4 + 4 = 3$, ce qui est faux.
Si on remplace x par 1, on a $1 + 2 = 3$, ce qui est vrai.
Le nombre 1 est **solution** de l'équation $x^2 + 2x = 3$, mais 2 n'est pas solution de cette équation.
On peut contrôler que (–3) est aussi solution de cette équation.
RESOUDRE une équation, c'est en trouver toutes les solutions.

EQUATIONS ÉLÉMENTAIRES DU 1ER DEGRÉ

• sous forme de somme

$$x + a = b \qquad x - a = b$$
$$x + a - a = b - a \qquad x - a + a = b + a$$
$$x = b - a \qquad x = b + a$$

> Dans une équation sous forme de somme tout terme qui change de membre change de signe.

Exemples :

$$x + 3 = 7 \qquad x - 9 = -2$$
$$x = 7 - 3 \qquad x = -2 + 9$$
$$x = 4 \qquad x = 7$$

• sous forme de produit ou quotient

$$ax = b \qquad \frac{x}{a} = b$$
$$\frac{ax}{a} = \frac{b}{a} \qquad \frac{x}{a} \times a = b \times a$$
$$x = \frac{b}{a} \qquad x = b \times a$$

Dans une équation sous forme de produit (ou quotient) on peut diviser (ou multiplier) les deux membres par le même nombre.

Exemples :

$$3x = 7$$
$$x = \frac{7}{3}$$

$$\frac{x}{2} = 8$$
$$x = 8 \times 2$$
$$x = 16$$

S'il y a des sommes et des produits il faut d'abord s'intéresser aux sommes.

$$2x + 15 = 9$$
$$2x = 9 - 15$$
$$2x = -6$$
$$x = -\frac{6}{2}$$
$$x = -3$$

EQUATIONS GÉNÉRALES

• sans dénominateurs

$$5(x-3) = 2-(x+5)$$

1°) Effectuer les calculs dans chaque membre (développer, supprimer les parenthèses, réduire)

$$5x - 15 = 2 - x - 5$$
$$5x - 15 = -3 - x$$

2°) Transposer pour **regrouper** les termes puis réduire

$$5x + x = 15 - 3$$
$$6x = 12$$

3°) Diviser (ou multiplier) les deux membres par le **nombre** qui **multiplie** (ou divise) x

$$\frac{6x}{6} = \frac{12}{6}$$
$$x = 2$$

• **avec dénominateurs**

$$\frac{x}{3} + \frac{1}{6} = 1 - \frac{x}{2}$$

1°) **Réduire au même dénominateur**

$$\frac{2x}{6} + \frac{1}{6} = \frac{6}{6} - \frac{3x}{6}$$

2°) **Multiplier tous les termes** par ce **dénominateur** et simplifier revient à **supprimer** ce dénominateur

$$2x + 1 = 6 - 3x$$

3°) On continue comme dans l'exemple précédent

$$2x + 3x = 6 - 1$$

$$5x = 5$$

$$\frac{5x}{5} = \frac{5}{5}$$

$$x = 1$$

EQUATIONS AYANT LA FORME D'UN PRODUIT NUL

On utilise la propriété :

Si $A \times B = 0$ alors $A = 0$ ou $B = 0$

Si $(2x - 5)\,(x + 1) = 0$ alors :

$$2x - 5 = 0 \qquad\qquad x + 1 = 0$$

$$2x = 5 \qquad \text{ou} \qquad x = -1$$

$$x = \frac{5}{2}$$

L'équation a deux solutions : $x = \frac{5}{2}$; $x = -1$

EQUATIONS DU SECOND DEGRÉ SE RAMENANT À LA FORME D'UN PRODUIT NUL

$(2x+1)(3x-5) = (2x+1)(x-3)$

Ne pas développer

1°) **Rendre le 2e membre égal à 0**

$(2x+1)(3x-5) - (2x+1)(x-3) = 0$

2°) **Factoriser le 1er membre obtenu**

$(2x+1)[(3x-5) - (x-3)] = 0$

$(2x+1)(3x-5-x+3) = 0$

$(2x+1)(2x-2) = 0$

3°) On obtient alors **la forme d'un produit = 0**

Si $(2x+1)(2x-2) = 0$ alors :

$2x+1 = 0$ ou $2x-2 = 0$

$2x = -1$ ou $2x = 2$

$x = -\frac{1}{2}$ ou $x = 1$

L'équation a deux solutions $x = -\frac{1}{2}$; $x = 1$

Dans les exemples suivants la méthode est la même : seule change la factorisation :

• $16x^2 - 9 = 0$

$(4x)^2 - 3^2 = 0$

$a^2 - b^2 = (a+b)(a-b)$

$(4x+3)(4x-3) = 0$

alors $4x+3 = 0$ ou $4x-3 = 0$

$4x = -3$ ou $4x = 3$

$x = -\frac{3}{4}$; $x = \frac{3}{4}$

L'équation a deux solutions $x = -\frac{3}{4}$; $x = \frac{3}{4}$

• $9x^2 - 6x + 1 = 0$

$(3x)^2 - 2 \times 3x \times 1 + 1^2 = 0$

$a^2 - 2ab + b^2 = (a - b)^2$

$(3x - 1)^2 = 0$ alors $3x - 1 = 0$

$3x = 1$

$x = \frac{1}{3}$

L'équation n'a qu'une solution $x = \frac{1}{3}$

• $x^2 = 5$

$x^2 - 5 = 0$

$(x)^2 - (\sqrt{5})^2 = 0$

$a^2 - b^2 = (a + b)(a - b)$

$(x + \sqrt{5})(x - \sqrt{5}) = 0$ alors

$x + \sqrt{5} = 0$ ou $x - \sqrt{5} = 0$

$x = -\sqrt{5}$ ou $x = \sqrt{5}$

L'équation a deux solutions $\sqrt{5}$; $-\sqrt{5}$

Si a est positif l'équation $x^2 = a$ a deux solutions :
$x = \sqrt{a}$ ou $x = -\sqrt{a}$

SOLUTIONS PARTICULIÈRES

• $0x = a$ si $a \neq 0$

Cette **équation n'a pas de solution** car $0x = 0 \times x = 0$ et ne peut être égal à un autre nombre

• $0x = 0$

Tous les nombres sont solutions car
$0x = 0 \times x =$ toujours 0 quelque soit le nombre qui remplace x.

RÉSOLUTION D'UN PROBLÈME À L'AIDE D'UNE ÉQUATION

L*e périmètre d'un champ rectangulaire est 102 m et sa longueur est le double de sa largeur.*
Trouver les dimensions du champ.

Si on désigne par la lettre x la largeur, en mètres, du champ, sa longueur est $2x$ et son périmètre est $2(x+2x)$.
En écrivant que ce périmètre est 102, on obtient l'équation :

$$\begin{aligned} 2(x+2x) &= 102 \\ 6x &= 102 \\ x &= \frac{102}{6} \\ x &= 17 \end{aligned}$$

La solution est $x = 17$.
La largeur est donc 17 m et la longueur 34 m.

Cette méthode comporte trois étapes :

1. Choix de l'inconnue.
2. Mise en équation du problème.
3. Résolution de l'équation et réponse à la question posée.

Equations à deux inconnues

$3x - 2y = 7$ est une équation à deux inconnues.
Les solutions sont des couples (x ; y)

(1 ; – 2) est un couple solution car en remplaçant x par 1 et y par – 2 on obtient :

$3x - 2y = 3 \times 1 - 2 \times -2 = 3 + 4 = 7$

L'équation est vérifiée.

Une équation à deux inconnues a une infinité de couples solutions.

SYSTÈME D'ÉQUATIONS À DEUX INCONNUES

$$\begin{cases} 3x - 2y = 12 \\ 2x + 5y = -11 \end{cases}$$

> Résoudre un système d'équations à deux inconnues c'est trouver un couple solution commun aux deux équations

Méthode par combinaison linéaire

$$\begin{matrix} E1 \\ E2 \end{matrix} \begin{cases} 3x - 2y = 12 \\ 2x + 5y = -11 \end{cases} \qquad \begin{matrix} E1 \times 2 \\ E2 \times -3 \end{matrix} \begin{cases} 6x - 4y = 24 \\ -6x - 15y = 33 \end{cases}$$

$$E1 \times 2 + E2 \times -3 : 0x - 19y = 57$$

$$-19y = 57$$

$$y = \frac{57}{-19}$$

$$y = -3$$

$$E1 : 3x - 2 \times -3 = 12$$

$$3x + 6 = 12$$

$$3x = 12 - 6$$

$$3x = 6$$

$$x = 2$$

(2 ; – 3) est le couple solution du système.

Méthode par substitution

$$\begin{array}{l} E1 \\ E2 \end{array} \begin{cases} 3x - 2y = 12 \\ 2x + 5y = -11 \end{cases}$$

$$E1 : 3x = 2y + 12$$

$$x = \frac{2y}{3} + \frac{12}{3}$$

$$x = \frac{2y}{3} + 4$$

$$E2 : 2 \times \left(\frac{2y}{3} + 4\right) + 5y = -11$$

$$\frac{4y}{3} + 8 + 5y = -11$$

$$\frac{4y}{3} + \frac{24}{3} + \frac{15y}{3} = -\frac{33}{3}$$

$$4y + 15y = -24 - 33$$

$$19y = -57$$

$$y = -\frac{57}{19} = -3$$

$$E1 : 3x - 2 \times -3 = 12$$

$$3x + 6 = 12$$

$$3x = 12 - 6$$

$$3x = 6$$

$$x = 2$$

(2 ; – 3) est le couple solution du système.

Inéquation du premier degré à une inconnue

Voici une inéquation d'inconnue x : $4x - 6 < 2x + 2$
Si nous remplaçons x par 1 :
le premier membre vaut $4 - 6 = -2$
le deuxième membre vaut $2 + 2 = 4$
Comme $-2 < 4$ l'inéquation est vérifiée pour $x = 1$
donc 1 est solution de cette inéquation
De même 3 est solution $(12 - 6 < 6 + 2)$
mais 5 n'est pas solution ($20 - 6 < 10 + 2$ est faux)

Résoudre une **inéquation** c'est en trouver **toutes les solutions**

PROPRIÉTÉS UTILISABLES POUR RÉSOUDRE UNE INÉQUATION

Si $-7 < 2$
on peut écrire

$$\underbrace{-7 + 11}_{4} < \underbrace{2 + 11}_{13} \qquad \underbrace{-7 - 8}_{-15} < \underbrace{-2 - 8}_{-4}$$

> Dans une **inégalité** on peut **additionner un même nombre positif ou négatif aux deux membres : l'ordre est conservé.**

$x + 3 > 7$
$x + 3 - 3 > 7 - 3$
$x > 7 - 3$

> Dans **une inéquation sous forme de somme** tout terme qui **change de membre, change de signe et l'ordre est conservé.**

Si $-8 < -4$
on peut écrire

$$\underbrace{-8 \times 2}_{-16} < \underbrace{-4 \times 2}_{-8} \qquad \underbrace{-8 \div 2}_{-4} < \underbrace{-4 \div 2}_{-2}$$

mais

$$\underbrace{-8 \times -3}_{24} > \underbrace{-4 \times -3}_{12} \qquad \underbrace{-8 \div -2}_{4} > \underbrace{-4 \div -2}_{2}$$

Dans une inégalité on peut **multiplier ou diviser, les deux membres par le même nombre**
– si ce nombre est **positif : l'ordre est conservé**
– si ce nombre est **négatif : on change l'ordre**

Exemples

$3x < -12$	$-5x > 15$	$-x < 2$
$\frac{3x}{3} < \frac{-12}{3}$	$\frac{-5x}{-5} < \frac{15}{-5}$	$x > -2$ *on a divisé par – 1*
$x < -4$	$x < -3$	

REPRÉSENTATION GRAPHIQUE DES SOLUTIONS

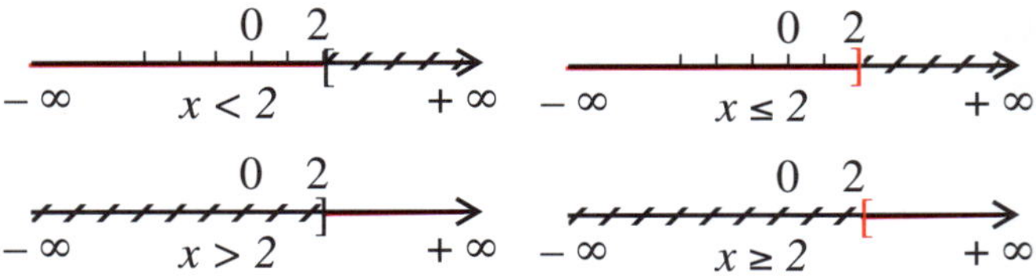

Légende

'/, représente les nombres qui ne sont pas solutions
— représente les nombres solutions

] ou [ou] ou [suivant le côté où ils sont tournés indiquent si le nombre fait ou ne fait pas partie des solutions.

∞ est la valeur absolue infiniment grande

Exemples :

1 – Résoudre :

$4x - 6 < 2x - 2$

$4x - 2x < 6 + 2$

$2x < 8$

$\frac{2x}{2} < \frac{8}{2}$

$x < 4$

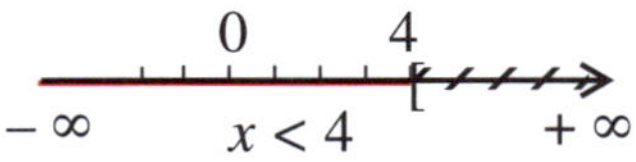

2 – Résoudre :

$$\frac{x}{3} + 1 \leq 6x + \frac{1}{4}$$

$$\frac{x}{3} - 6x \leq -1 + \frac{1}{4}$$

$$\frac{x}{3} - \frac{18}{3}x \leq -\frac{4}{4} + \frac{1}{4}$$

$$-\frac{17}{3}x \leq -\frac{3}{4}$$

$$-\frac{17}{3}x \times -\frac{3}{17} \geq -\frac{3}{4} \times -\frac{3}{17}$$

$$x \geq \frac{9}{68}$$

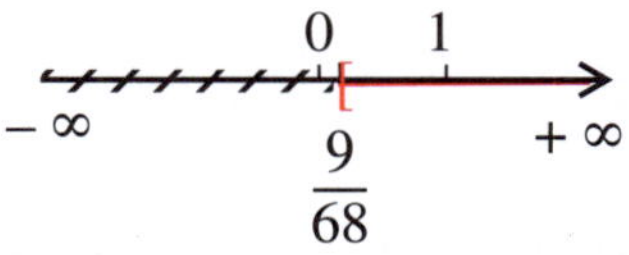

SOLUTIONS PARTICULIÈRES

$x^2 < -1$	n'a pas de solution	car un carré étant toujours positif ne peut être inférieur à -1
$x^2 + 4 \geq 0$	tous les nombres sont solutions	car $x^2 + 4$ somme de deux nombres positifs est toujours positive
$-5x \leq 0$	$x > 0$ tous les nombres positifs sont solutions	$\frac{-5x}{-5} \geq \frac{0}{5}$ donc $x > 0$
$0x > 6$	n'a pas de solution	car $0x = 0$ et $0 > 6$ est impossible
$0x > -2$	tous les nombres sont solutions	car $0x = 0$ et $0 > -2$ est toujours vrai

SYSTÈMES D'INÉQUATIONS À UNE INCONNUE

Résoudre **un système d'inéquations** c'est trouver les **solutions communes aux deux inéquations.**

Exemples :

• Résoudre le système $\begin{cases} 3x - 2 < 2x + 3 \\ 5x - 1 \geq 3x + 4 \end{cases}$

On résout chaque inéquation séparément

$3x - 2 < 2x + 3$

$3x - 2x < 2 + 3$

$x < 5$

$5x - 1 \geq 3x + 4$

$5x - 3x \geq 1 + 4$

$2x \geq 5$

$x \geq \frac{5}{2}$

On représente les solutions sur le même graphique

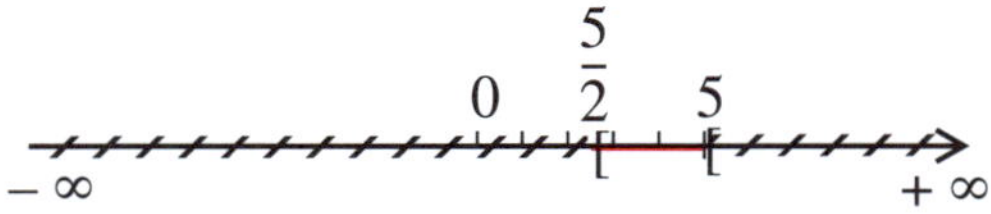

On lit les solutions communes sur le graphique

$\frac{5}{2} \leq x \leq 5$

• Résoudre $-1 \leq \frac{-2x+5}{3} \leq 2$ équivaut à $\begin{cases} -1 \leq \frac{-2x+5}{3} \\ \frac{-2x+5}{3} \leq 2 \end{cases}$

$-1 \leq \frac{-2x+5}{3}$

$-3 \leq -2x + 5$

$2x \leq 3 + 5$

$2x \leq 8$

$x \leq 4$

$\frac{-2x+5}{3} \leq 2$

$-2x + 5 \leq 6$

$-2x \leq 6 - 5$

$-2x \leq 1$

$x \geq -\frac{1}{2}$

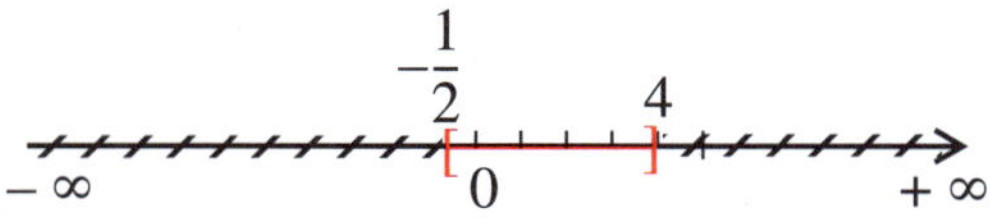

$-\frac{1}{2} \leq x \leq 4$

Premiers éléments de géométrie plane

Les points

•A ×B

A et B sont des points. Ils sont notés par des lettres majuscules d'imprimerie.

Les droites

La trace laissée par une mine fine suivant le bord d'une règle et prolongée indéfiniment des deux côtés donne " l'idée " d'une droite.

Par deux points il ne passe qu'une seule droite.

On **note (AB)** et on lit **droite AB, la droite qui passe par les points A et B.**

Les parenthèses en géométrie sont utilisées pour désigner le fait que l'on passe sans s'arrêter au point indiqué. Il y a d'autres manières de désigner une droite

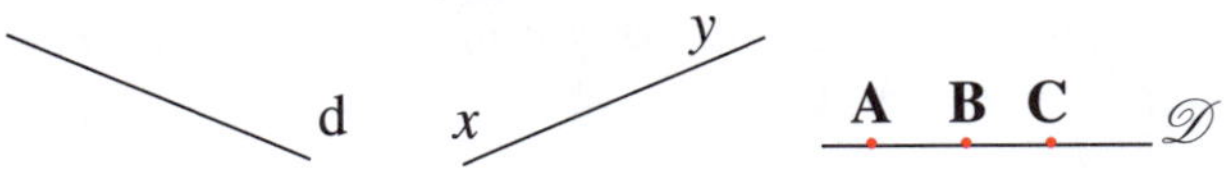

la droite d *la droite xy* *la droite 𝒟*

*Des points situés sur une droite sont **alignés**.*

Les demi-droites

Une demi-droite est une partie de droite limitée par un point appelé origine.

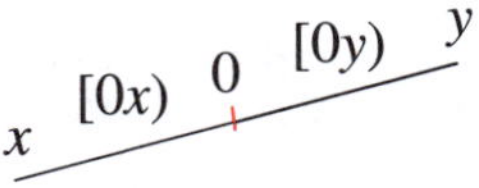

*La demi-droite **[Ax)**, dont **A** est l'**origine***

*Sur une droite un point détermine **deux demi-droites opposées**.*

Le crochet [ou] est utilisé en géométrie pour désigner le fait que l'on s'arrête au point indiqué.

Les segments de droite

Un segment de droite est une partie de droite limitée par deux points : ses extrémités.

On note **[AB]** et on lit **segment** AB.

La mesure de la distance entre les extrémités d'un segment est la longueur de ce segment.

AB désigne la **longueur** du segment [AB]
On a construit un segment [AB]
dont la longueur est 3 cm.
On écrit AB = 3 cm

Sur un segment un point particulier : **le milieu**.

Le milieu d'un segment [AB] est le point situé sur le segment à égale distance de A et de B.

$\left.\begin{matrix} M \in [AB] \\ MA = MB \end{matrix}\right\}$ M milieu de [AB]

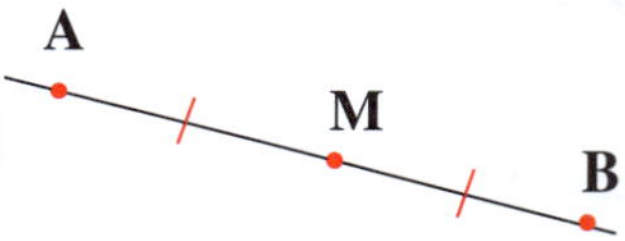

∈ signifie **appartient**

Les traits de même couleur sur un segment indiquent une égalité de longueur.

Positions relatives de deux droites

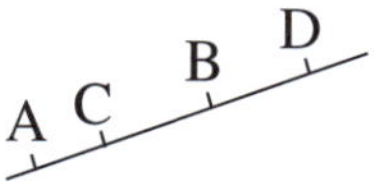

*Droites **confondues***
*(AB) et (CD) ne forment qu'une **seule droite** : elles sont confondues.*

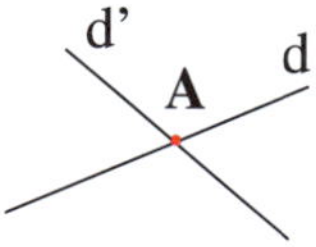

*Droites **sécantes***
d et d' ont un seul point commun A : elles sont sécantes en A.
On dit aussi qu'elles se coupent en A.

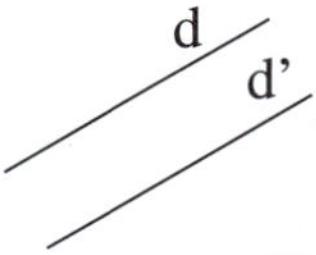

*Droites **parallèles***
d et d' n'ont aucun point commun : elles sont parallèles et on écrit
d // d'

Remarque : les droites confondues sont un cas particulier des droites parallèles.

Plusieurs droites ayant un point commun sont **concourantes**.

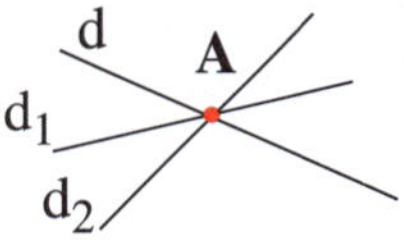

Droites perpendiculaires

Deux droites sécantes sont perpendiculaires si elles suivent les deux bords d'une équerre.

On écrit **d ⊥ d'**

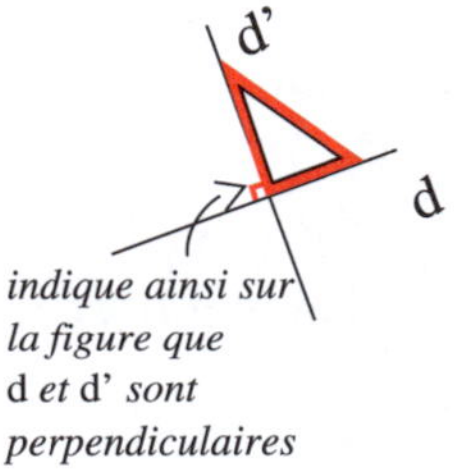

Propriétés des droites parallèles et perpendiculaires

– Par un point non situé sur une droite d on ne peut tracer qu'une seule parallèle à d.

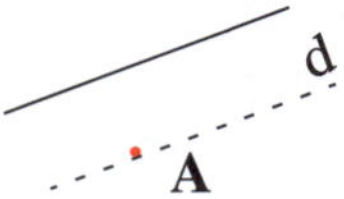

– Par un point quelconque on ne peut tracer qu'une seule perpendiculaire à une droite d.

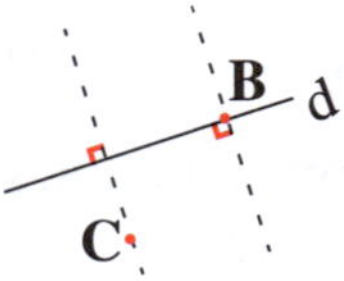

– Si deux droites sont parallèles toute droite parallèle à l'une est parallèle à l'autre.

– Deux droites parallèles à la même droite sont parallèles entre elles.

$$\left.\begin{array}{l} d /\!/ d_1 \\ d_2 /\!/ d_1 \end{array}\right\} \textit{alors } d /\!/ d_2$$

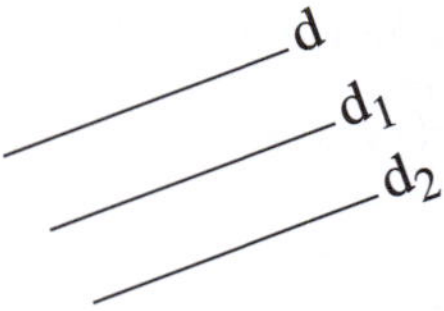

– Deux droites perpendiculaires à la même droite sont parallèles

$$\left.\begin{array}{l} d \perp d_1 \\ d_2 \perp d_1 \end{array}\right\} \textit{alors } d /\!/ d_2$$

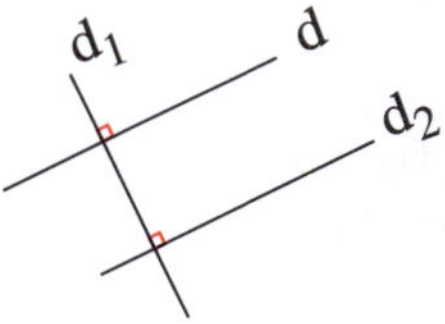

– Si deux droites sont parallèles toute perpendiculaire à l'une est perpendiculaire à l'autre

$$\left.\begin{array}{l} d /\!/ d_2 \\ d_1 \perp d \end{array}\right\} \textit{alors } d_1 \perp d_2$$

Les angles

Un angle est une partie de plan limitée par deux demi-droites de même origine.

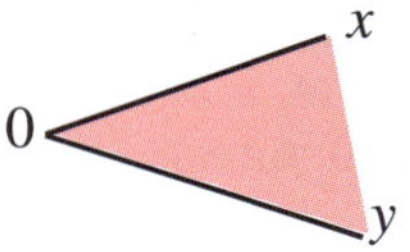

L'origine des demi-droites est le **sommet** de l'angle.
Les demi-droites dont les **côtés de l'angle**.

On note $\widehat{x0y}$ ou $\widehat{y0x}$ l'angle ci-dessus.
0 est le sommet [0x) et [0y) ses côtés.

Mesure des angles

L'unité usuelle de mesure des angles est le **degré**.
Un demi-cercle correspond à un angle de 180° (180 degrés).
Un angle se mesure avec un **rapporteur**.
Il existe d'autres unités de mesure des angles : le **grade** (gr) et le **radian** (rad).

$$180° = 200 \text{ gr} = \pi \text{ rad}$$

Mesure d'angles particuliers

angle nul

$\widehat{x0y} = 0°$

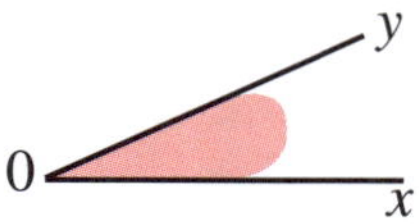

angle aigu

$0 < \widehat{x0y} < 90°$

angle droit

$\widehat{x0y} = 90°$

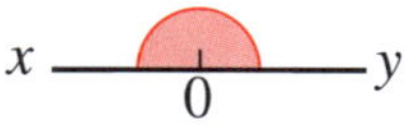

angle plat

$\widehat{x0y} = 180°$

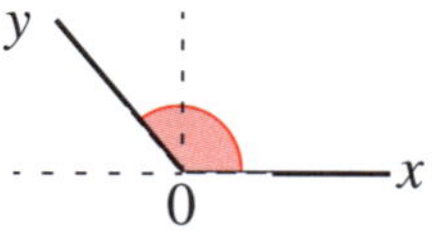

angle obtus

$90° < \widehat{x0y} < 180°$

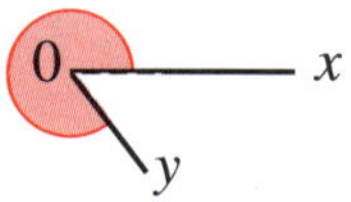

angle rentrant

$180° < \widecheck{x0y} < 360°$

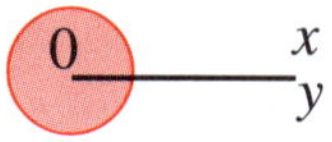

angle plein

$\widecheck{x0y} = 360°$

Positions particulières des angles

Deux **angles** sont **opposés par le sommet** si leurs côtés sont des demi-droites opposées (leurs côtés sont deux droites).

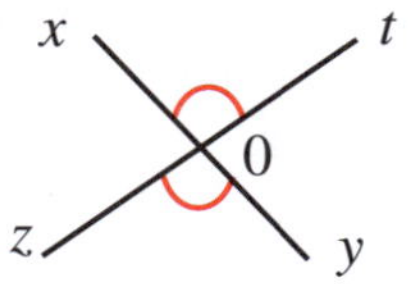

$\widehat{x0t} = \widehat{z0y}$

$\widehat{x0z} = \widehat{t0y}$

Deux angles opposés par le sommet sont **égaux**.

Deux **angles adjacents** ont :
- le même sommet
- un côté commun
- les autres côtés de part et d'autre du côté commun

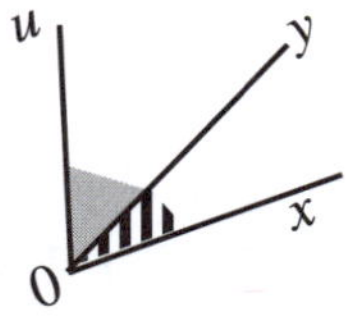

$\widehat{x0y}$ et $\widehat{y0u}$ sont adjacents

Deux **angles** sont **complémentaires** si la somme de leur mesure est 90°

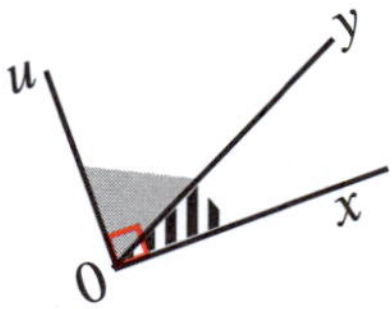

$\widehat{x0y}$ et $\widehat{y0u}$ sont adjacents et complémentaires

Par exemple :

si $\widehat{tAr} = 20°$ et

$\widehat{mBn} = 70°$ alors $\widehat{tAr}$ et

$\widehat{mBn}$ sont complémentaires.

Deux **angles** sont **supplémentaires** si la somme de leur mesure est 180°.

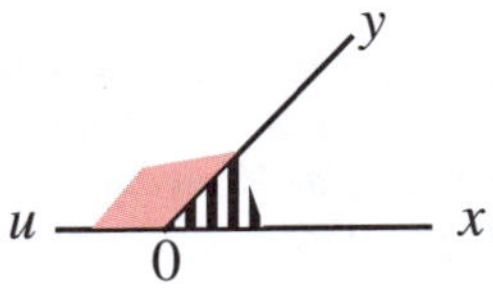

$\widehat{x0y}$ et $\widehat{y0u}$ sont adjacents et supplémentaires

Par exemple : si

$\widehat{tAr} = 30°$ et $\widehat{mBn} = 150°$,

alors $\widehat{tAr}$ et $\widehat{mBn}$ sont supplémentaires.

Deux angles qui ont :
– soit le même complémentaire
– soit le même supplémentaire
sont égaux.

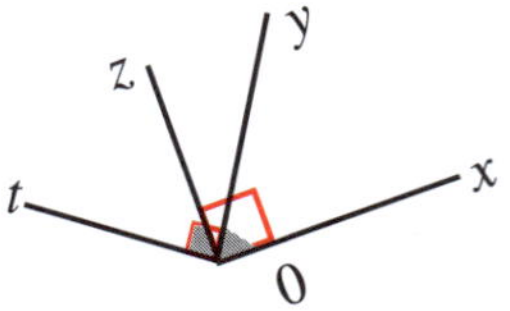

Le complémentaire de $\widehat{x0y}$ est $\widehat{y0z}$

Le complémentaire de $\widehat{z0t}$ est $\widehat{y0z}$

donc $\widehat{x0y} = \widehat{z0t}$

Angles et parallèles

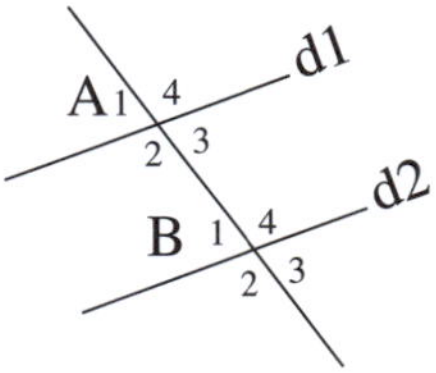

Si deux droites parallèles sont coupées par une sécante elles déterminent :

– des angles **alternes-internes** *(angles de sommets différents situés à l'intérieur des parallèles de part et d'autre de la sécante)* qui sont **égaux**.

Angles alternes-internes

$\hat{A}_3 = \hat{B}_1$

$\hat{A}_2 = \hat{B}_4$

– des angles **correspondants** *(angles de sommets différents situés du même côté de la sécante l'un à l'intérieur des parallèles l'autre à l'extérieur)* qui sont **égaux**.

Angles correspondants

$\hat{A}_4 = \hat{B}_4$

$\hat{A}_2 = \hat{B}_2$

$\hat{A}_1 = \hat{B}_1$

$\hat{A}_3 = \hat{B}_3$

– des angles **intérieurs** *(angles de sommets différents situés du même côté de la sécante et à l'intérieur des parallèles)* qui sont **supplémentaires.**

Angles intérieurs

$\hat{A}_3 + \hat{B}_4 = 180°$

$\hat{A}_2 + \hat{B}_1 = 180°$

– des angle **extérieurs** *(angles de sommets différents situés du même côté de la sécante et à l'extérieur des parallèles)* qui sont **supplémentaires.**

Angles extérieurs

$\hat{A}_4 + \hat{B}_3 = 180°$

$\hat{A}_1 + \hat{B}_2 = 180°$

Le cercle – le disque

Un cercle est un ensemble de points tous situés à une même distance (appelé rayon) d'un point (appelé centre).

On écrit Cercle $\mathscr{C}$**(I, 3 cm)** pour un **Cercle** $\mathscr{C}$ de **centre I et de rayon 3 cm**.
Si A $\in \mathscr{C}$ alors IA = 3 cm

Le disque est la partie du plan limitée par le Cercle (cercle compris).

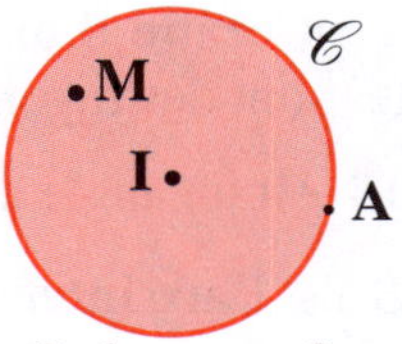

Si $\mathscr{D}$(I,3) désigne le disque de centre I, de rayon 3 cm et si M $\in \mathscr{D}$(I, 3 cm) alors IM ≤ 3 cm.

Longueur d'un cercle ou périmètre
Pour un cercle $\mathscr{C}$(O,R) de centre O, de rayon R, la **longueur** du cercle ou **périmètre** se calcule :

$$P = 2 \times \pi \times R$$

Les éléments d'un cercle

– Une **corde** est un segment de droite dont les extrémités sont sur un cercle.
[AB] est une corde.

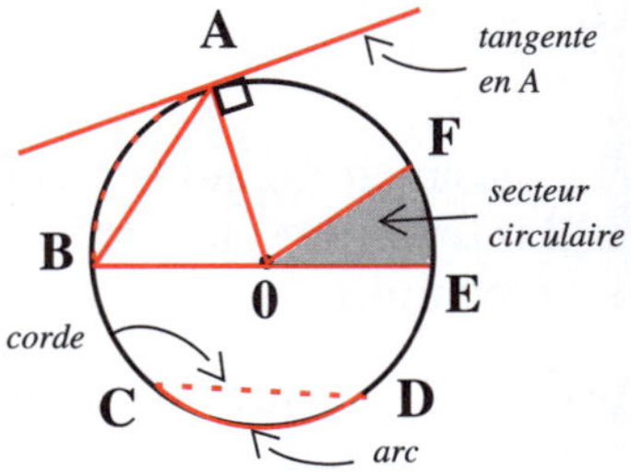

– Un **arc de cercle** est une partie de cercle limitée par deux points

$\overset{\frown}{CD}$ est un arc de cercle de même que $\overset{\frown}{AB}$.

– Un **diamètre** est une corde passant par le centre du cercle.
[BE] est un diamètre.
– Une **tangente** à un cercle en **un point donné** est une droite **perpendiculaire, en ce point, au rayon passant par ce point**.

La tangente en A est perpendiculaire au point A, au rayon [OA].
– Un **secteur circulaire** est une partie de disque limitée par deux rayons.

Angles, arcs et cercles

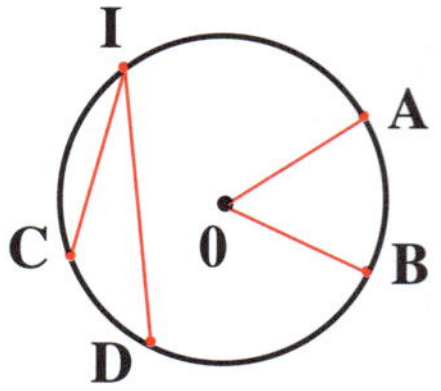

– Un **angle au centre** a son sommet au centre d'un cercle et ses côtés sont des rayons.

$\widehat{A0B}$ est un angle au centre.

$\overset{\frown}{AB}$ est l'**arc intercepté** par $\widehat{A0B}$.

– Un **angle inscrit** a son sommet sur un cercle et ses côtés sont des cordes.

$\widehat{CID}$ est un angle inscrit

$\overset{\frown}{CD}$ est l'**arc intercepté** par $\widehat{CID}$.

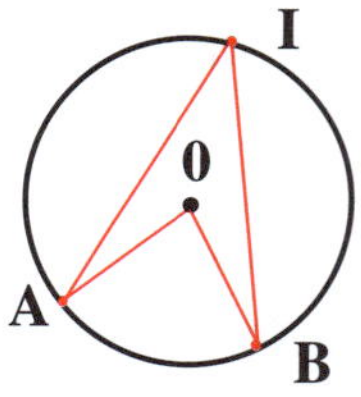

– Un **angle inscrit** a pour mesure la **moitié de la mesure de l'angle au centre** qui intercepte le même arc

$$\widehat{AIB} = \frac{\widehat{A0B}}{2}$$

– La mesure d'**un angle au centre** et la mesure de l'**arc qu'il intercepte** sont exprimés par le **même nombre et la même unité**.

$\widehat{A0B} = 40°$ mes$\overset{\frown}{AB} = 40°$

– Pour calculer la **longueur d'un arc** il suffit de faire un calcul de 4e proportionnelle.

mesure	360°	x°
longueur	$2 \times \pi \times R$	l

$$l = \frac{2 \times \pi \times R \times x}{360°}$$

Exemple :

Si le cercle a pour rayon 2 cm et si $\widehat{A0B} = 40°$

alors $l_{\widehat{AB}} = \dfrac{2 \times 3,14 \times 2 \times 40}{360}$

$l_{\widehat{AB}} = 1,4$ cm

– **Deux angles inscrits** qui interceptent le **même arc** sont **égaux**.

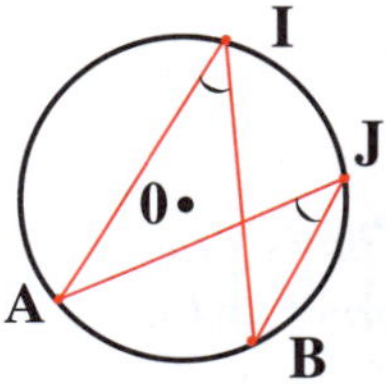

$\widehat{AIB} = \widehat{AJB}$

Deux droites particulières : la médiatrice et la bissectrice

La médiatrice d'un segment

La **médiatrice d'un segment** est une droite **perpendiculaire** à ce segment et passant par son **milieu**.

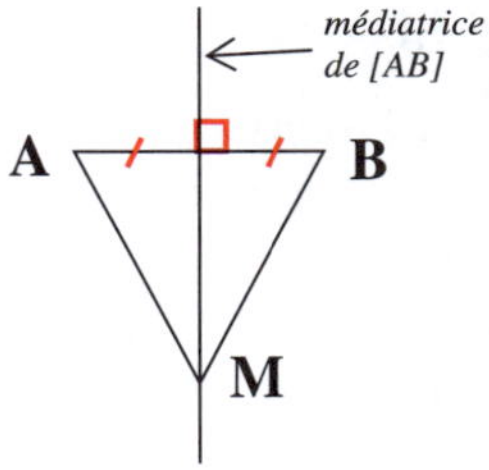

Propriété importante

Tout point pris sur la médiatrice d'un segment est à égale distance des extrémités de ce segment.

M étant la médiatrice de [AB] alors
MA = MB

Tout point situé à égale distance de deux points est sur la médiatrice du segment déterminé par ces deux points.

Si on sait NA = NB alors N est sur la médiatrice de [AB]

Construction au compas

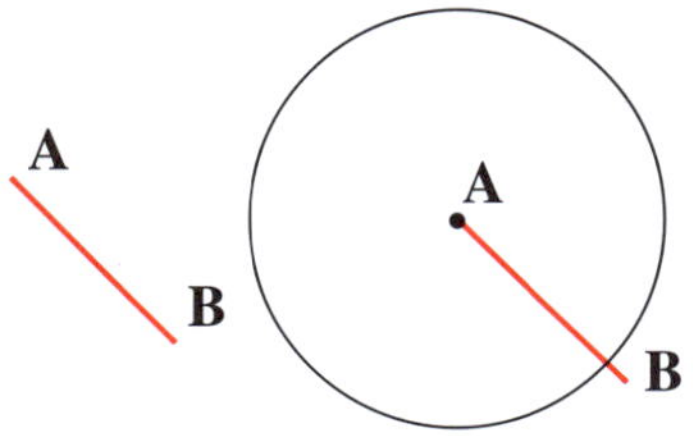

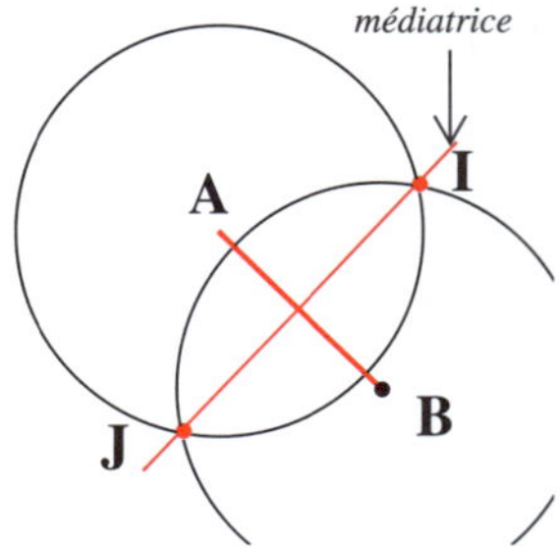

Choisir une ouverture de compas (un rayon). Tracer un cercle de centre A

Faire de même avec le même rayon un cercle de centre B.

La médiatrice est la droite qui passe par les deux points d'intersection des deux cercles.

Remarque : par construction I et J sont à égale distance de A et B donc I et J sont deux points de la médiatrice.

La bissectrice d'un angle

La **bissectrice** d'un angle est une demi-droite ayant pour origine le sommet de l'angle et qui partage l'angle **en deux angles égaux**.

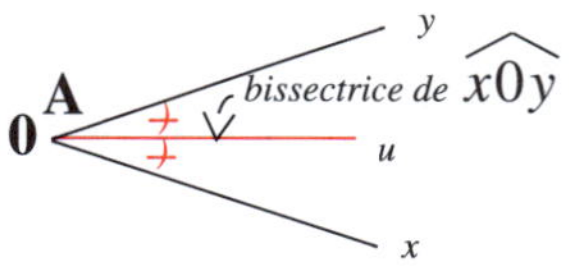

$\widehat{x0u} = \widehat{u0y}$

Propriété importante

Un point étant pris **sur la bissectrice d'un angle**, si on trace, passant par ce point, les perpendiculaires aux côtés de l'angle alors les **distances entre ce point et les pieds des perpendiculaires sont égales**.

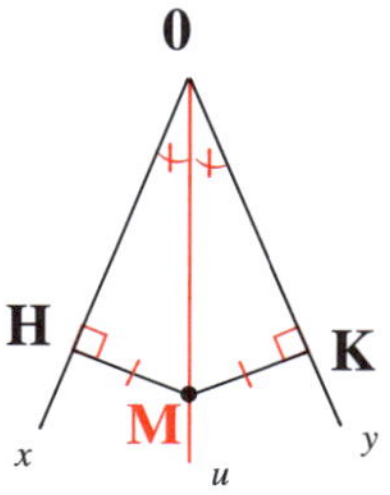

[0*u*) bissectrice de $\widehat{x0y}$

M ∈[0*u*) [MH]⊥[0*x*) ; [MK] ⊥[0*y*) et MH = MK

On dit que tout point de la bissectrice d'un angle est à égale distance (mesurée sur une perpendiculaire) des deux côtés de l'angle.

Inversement

Tout point situé à **égale distance** (mesurée sur des perpendiculaires) des deux côtés d'un angle est **sur la bissectrice d'un angle**.

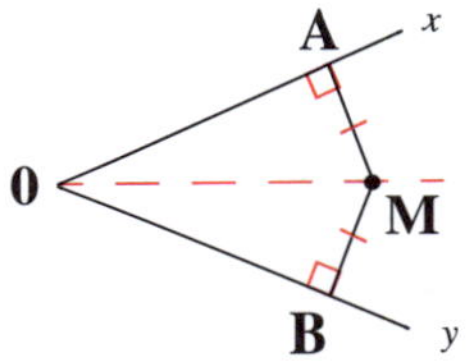

Si [MA]⊥[0x) et [MB] ⊥[0y)
et MA = MB
alors [0M) est la bissectrice de $\widehat{x0y}$

Construction au compas

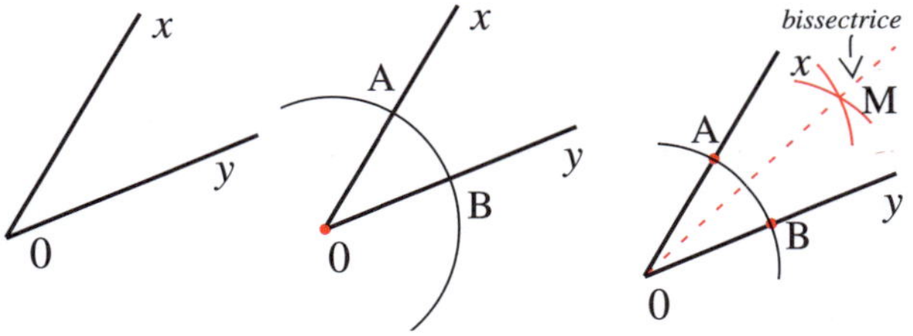

Avec un compas placer un point A sur [Ox) et un point B sur [Oy) tel que OA = OB

Tracer un arc de cercle de centre A et un arc de cercle de même rayon de centre B. Ils se coupent en M [OM) est la bissectrice.

Les polygones

Polygone à trois côtés : le triangle

Un **triangle** a trois côtés, trois sommets et trois angles.
La **somme des angles** d'un triangle est égale à **180°**.

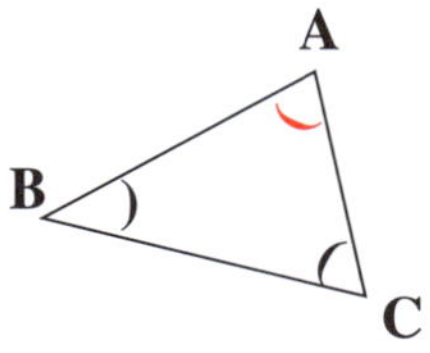

$$\hat{A} + \hat{B} + \hat{C} = 180°$$

Triangles particuliers

Le **triangle isocèle** a **deux côtés de même longueur** et **deux angles** de **même mesure**.

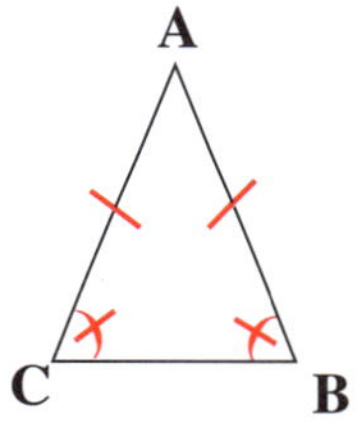

BAC triangle isocèle de **sommet principal A**

AB = AC

$$\hat{B} = \hat{C}$$

Le **triangle équilatéral** a **trois côtés** de **même longueur** et **trois angles égaux à 60°**.

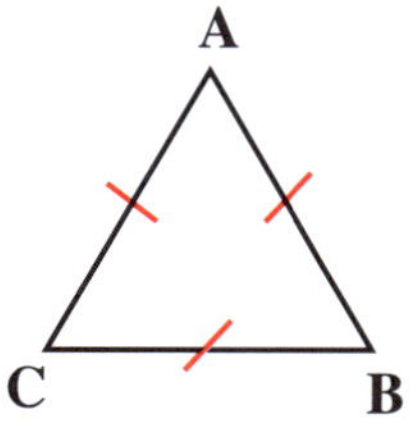

BAC

Triangle équilatéral ABC

AB = AC = BC

$$\hat{A} = \hat{B} = \hat{C} = 60°$$

Le **triangle rectangle** a **deux côtés perpendiculaires** ; le troisième **côté** est l'**hypoténuse**.
Il a donc **un angle droit** et **deux angles aigus complémentaires**.

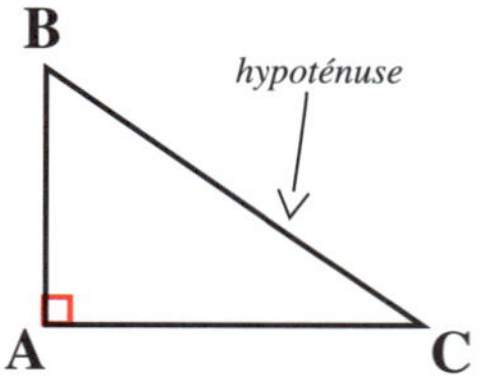

Droites remarquables dans le triangle

Les hauteurs d'un triangle sont des droites passant par un **sommet** et perpendiculaires au côté opposé.

Il y a trois hauteurs dans un triangle.

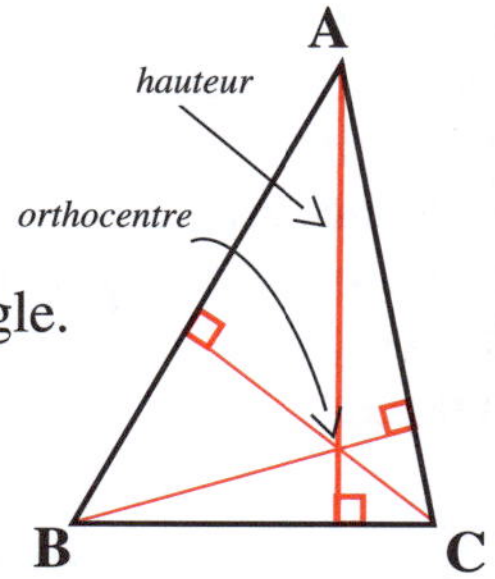

Les **trois hauteurs** sont **concourantes** en un point appelé **orthocentre**.

Les médianes d'un triangle sont des droites passant par un **sommet** et par le **milieu du côté opposé**.

Il y a trois médianes dans un triangle.

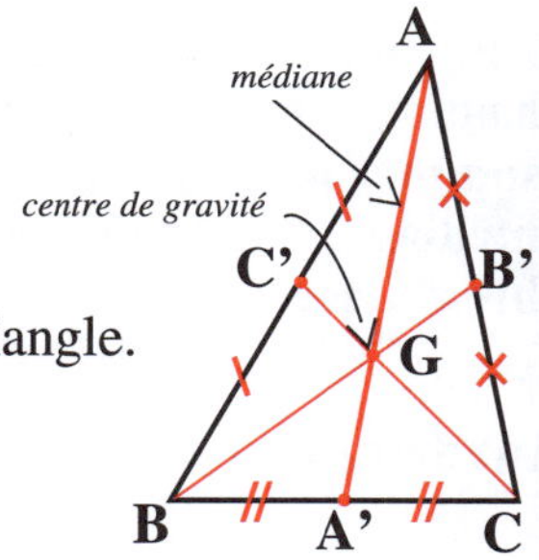

Les trois médianes sont **concourantes** en un point appelé **centre de gravité**.
Le **centre de gravité** est situé aux 2/3 de chaque médiane en **partant du sommet**.

$$AG = \frac{2}{3}AA'$$

$$BG = \frac{2}{3}BB'$$

$$CG = \frac{2}{3}CC'$$

Dans un triangle il y a aussi trois médiatrices et trois bissectrices répondant aux définitions (voir pages 22 et 23).

Les trois médiatrices sont **concourantes** en un point situé à égale distance des trois sommets du triangle appelé **centre du cercle circonscrit au triangle (le cercle circonscrit est un cercle qui passe par les trois sommets)**.

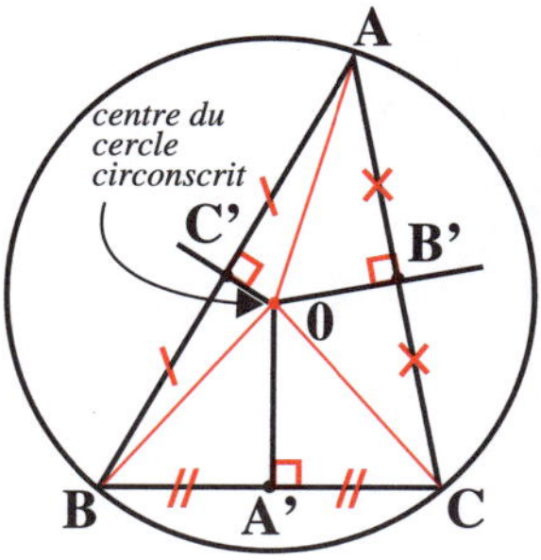

Les trois bissectrices sont **concourantes** en un point situé à égale distance (mesurée sur des perpendiculaires) des trois côtés du triangle appelé **centre du cercle inscrit dans le triangle (cercle tangent aux trois côtés du triangle)**.

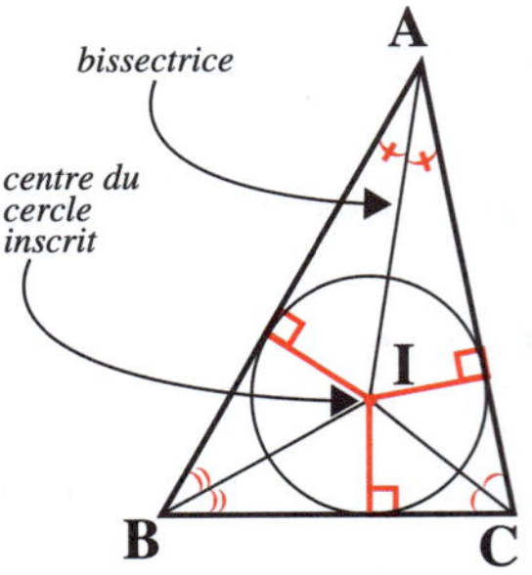

Les droites remarquables et les triangles particuliers

Dans un triangle isocèle la hauteur passant par le **sommet principal** est **aussi médiane, médiatrice et bissectrice**.

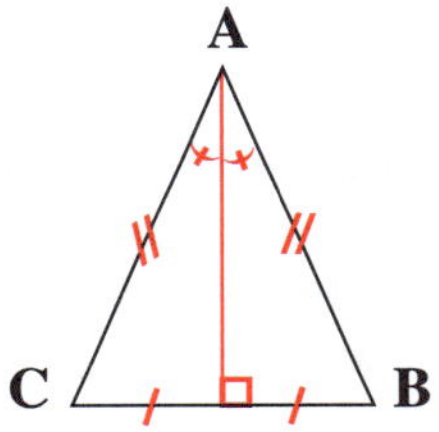

Inversement

Dans un triangle si une droite **passant par un sommet et perpendiculaire** au côté opposé **passe par le milieu** de côté **alors le triangle est isocèle**.

Dans un triangle équilatéral les trois hauteurs sont **aussi des médianes, des médiatrices, des bissectrices**.

$$AB = AC = BC = a$$

$$A0 = B0 = C0 = \frac{2}{3}AH$$

Dans **un triangle rectangle**,
– il n'y a qu'une seule " vraie " hauteur. Les deux autres hauteurs sont les côtés de l'angle droit.
L'orthocentre est donc le sommet de l'angle droit.

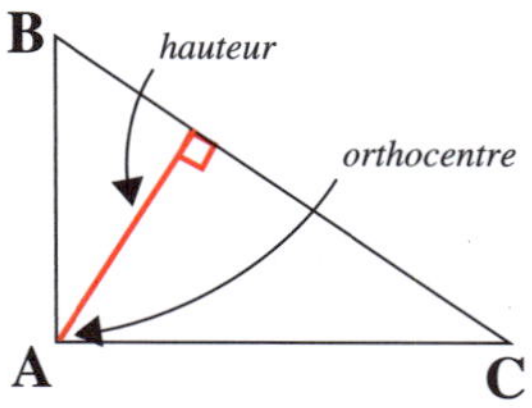

– Le **centre du cercle circonscrit est le milieu de l'hypoténuse**.

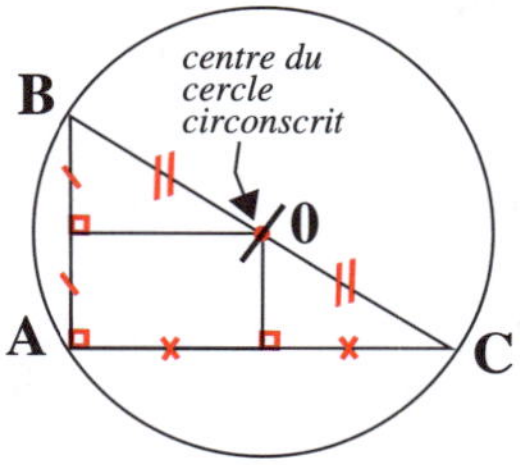

– La **médiane issue du sommet de l'angle droit** a pour longueur **la moitié** de la longueur de l'**hypoténuse**.

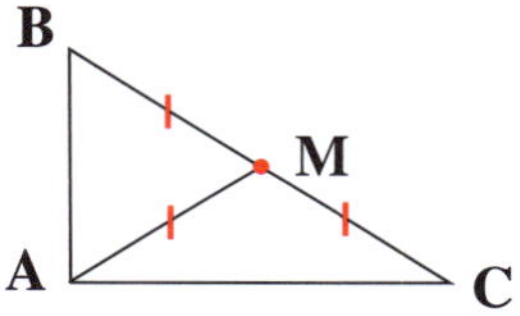

Propriétés particulières du triangle rectangle

Si trois points sont **sur un cercle** et si **deux** de ces points sont **diamétralement opposés** (forment un diamètre) alors ils déterminent un **triangle rectangle** dont l'hypoténuse est le diamètre du cercle.

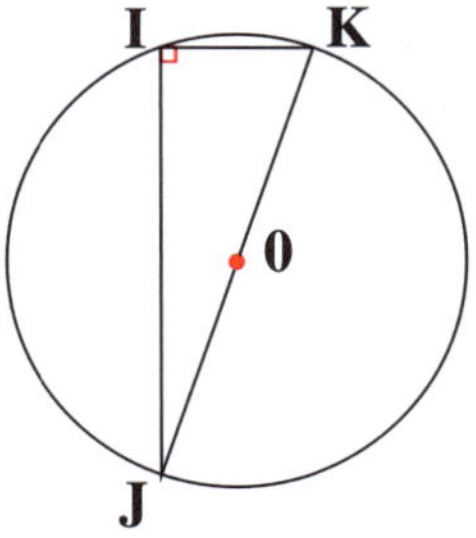

I, J, K sur le cercle
[JK] diamètre alors triangle IJK rectangle en I.

Théorème de Pythagore
Si un triangle ABC est rectangle en A alors le théorème de Pythagore permet d'écrire :
$BC^2 = AB^2 + AC^2$

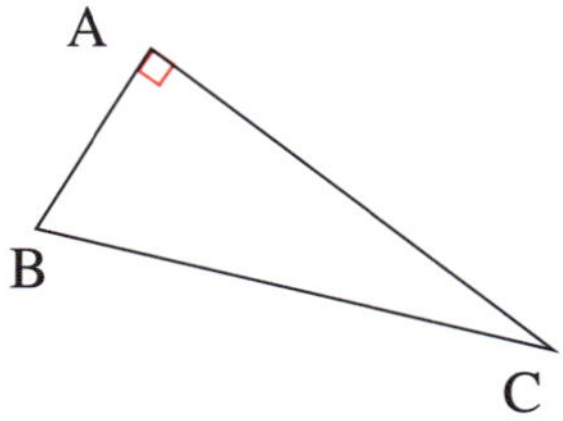

Enoncé du théorème de Pythagore

Le carré de la longueur de l'hypoténuse est égale à la somme des carrés des longueurs des côtés de l'angle droit.

Application

Un triangle CDE est rectangle en E
On connaît CE = 7 cm et DE = 6 cm
Calculer CD à 1 mm près.

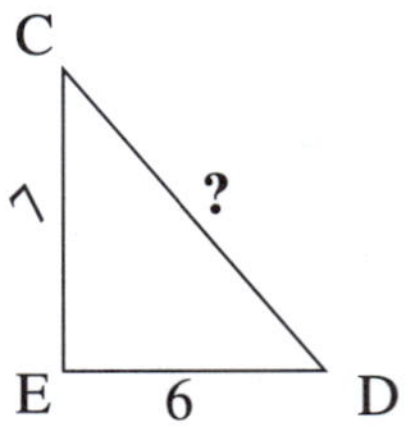

Le triangle étant rectangle en E on peut utiliser le théorème de Pythagore.

$CD^2 = CE^2 + ED^2$

$CD^2 = 7^2 + 6^2$

$CD^2 = 49 + 36$

$CD^2 = 85$

$CD^2 = \sqrt{85}$ $\qquad$ $CD \approx 9{,}2$ cm

Un triangle PIN est rectangle en P
On connaît IN = 9 cm et PI = 5,4 cm
Calculer PN.

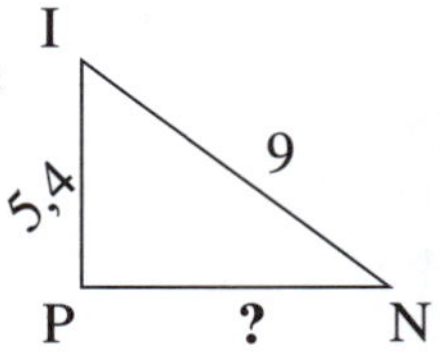

Le triangle étant rectangle en P on peut utiliser le théorème de Pythagore.

$IN^2 = PI^2 + PN^2$

$9^2 = 5{,}4^2 + PN^2$

$81 = 29{,}16 + PN^2$

$81 - 29{,}16 = PN^2$

$PN^2 = 51{,}84$

$PN = \sqrt{51,84}$ $\qquad$ $PN = 7{,}2$ cm

Réciproque du théorème de Pythagore

Un triangle (MNP) étant donné, **et les longueurs des trois côtés étant connues**, si après avoir calculé :

1°) le carré de la longueur du plus grand côté (MN^2)

2°) la somme des carrés des longueurs des autres côtés ($MP^2 + PN^2$)

On trouve le même résultat alors on peut écrire

$MN^2 = MP^2 + PN^2$

La propriété de Pythagore est alors vérifiée et elle ne l'est que dans un triangle rectangle. On peut alors affirmer que le triangle est rectangle.

Exemples :

- Le triangle ABC tel que AB = 4,2 cm, AC = 7 cm et BC = 5,6 cm est-il rectangle ?

  Dans le triangle ABC on connaît :

  $AC^2 = 7^2 = 49$

  $AB^2 + BC^2 = 4{,}2^2 + 5{,}6^2 = 17{,}64 + 31{,}36 = 49$

  On peut écrire $AC^2 = AB^2 + BC^2$

  On reconnaît la propriété de Pythagore donc le triangle **ABC est rectangle en B**.

- Le triangle CDE tel que CD = 3,4 cm, CE = 2,1 cm et ED =2,7 cm est-il rectangle ?

  $CD^2 = 3{,}4^2 = 11{,}56$

  $CE^2 + ED^2 = 2{,}1^2 + 2{,}7^2 = 4{,}41 + 7{,}29 = 11{,}7$

  On constate que $CD \neq CE^2 + ED^2$

  La propriété de Pythagore n'étant pas vérifiée le triangle **CDE n'est pas rectangle**.

Applications du théorème de Pythagore

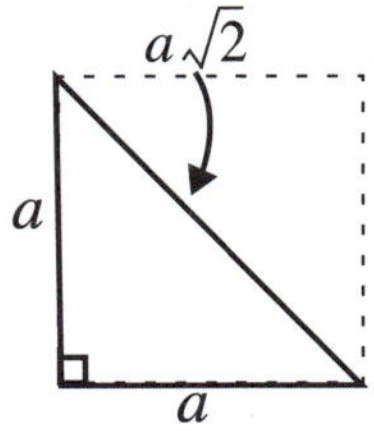	Longueur de **hypoténuse d'un triangle rectangle isocèle de côté *a*** **ou** **diagonale d'un carré de côté *a***	$a\sqrt{2}$
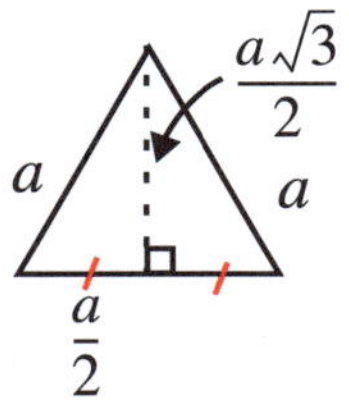	Longueur de **hauteur d'un triangle équilatéral de côté *a*** **ou** **grand côté de l'angle droit d'un triangle rectangle ayant un angle de 60° (ou 30°).**	$\frac{a\sqrt{3}}{2}$

Rapports trigonométriques

Dans un **triangle rectangle** les **rapports** entre les **mesures des côtés caractérisent les angles** (si l'angle varie les valeurs de ces rapports varient aussi) : on les appelle **rapports trigonométriques** d'un angle.

Il y a trois rapports trigonométriques :

le sinus : $\sin = \dfrac{\text{côté opposé à l'angle}}{\text{hypoténuse}}$

le cosinus : $\cos = \dfrac{\text{côté adjacent à l'angle}}{\text{hypoténuse}}$

la tangente : $\tan = \dfrac{\text{côté opposé à l'angle}}{\text{côté adjacent à l'angle}}$

$\sin\hat{B} = \dfrac{AC}{BC}$ $\cos\hat{B} = \dfrac{AB}{BC}$

$\tan\hat{B} = \dfrac{AC}{AB}$

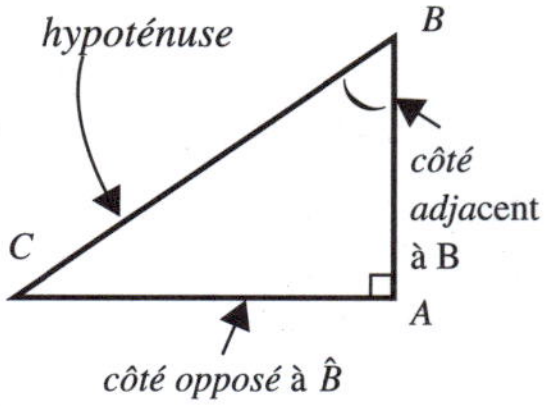

La trigonométrie, dans un triangle rectangle fait le lien entre les mesures des angles et les longueurs des côtés. La calculatrice donne la valeur du sinus, du cosinus ou de la tangente d'un angle grâce aux touches sin ; cos ; tan.

Pour connaître sin 28° il suffit d'appuyer sur les touches 28 [sin]. On obtient sin 28° ≈ 0,469
La calculatrice donne la valeur d'un angle connaissant le sinus, le cosinus ou la tangente grâce aux touches [$\sin^{-1}$], [$\cos^{-1}$], [$\tan^{-1}$].
On a trouvé pour la valeur du cosinus d'un angle 0,32 il suffit d'appuyer sur les touches
0,32 [$\cos^{-1}$], on obtient un angle d'environ 71°

Exemples

1°) ABC est un triangle rectangle en B.
On connaît
AB = 2 cm et BC = 3 cm
On veut **calculer** $\hat{C}$
Le triangle ABC étant rectangle.

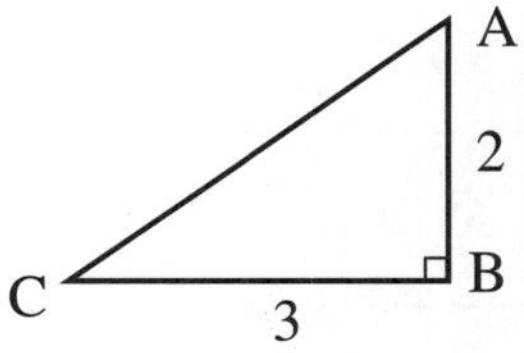

$$\tan\hat{C} = \frac{AB}{BC} = \frac{2}{3}$$

La calculatrice donne $\hat{C} \approx 34°$ **à un degré près.**

2°) ABC est un triangle rectangle en A. On connaît $\hat{C} = 35°$ et AC = 8 cm
On veut **calculer BC et AB** à 1mm près.

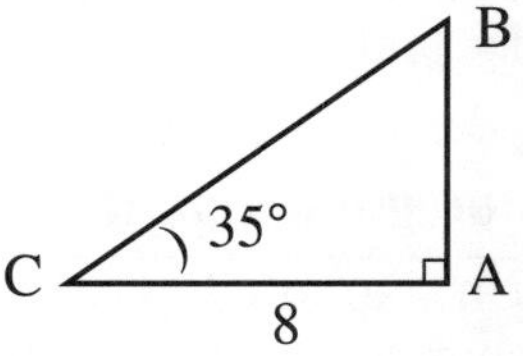

$$\cos\hat{C} = \cos 35° = \frac{AC}{BC} = \frac{8}{x}$$

$$\frac{8}{x} = \cos 35° \quad \text{donc} \quad x = \frac{8}{\cos 35°}$$

La calculatrice donne $x = 9,766$ $BC \approx 9,8$ cm

$$\tan\hat{C} = \tan 35° = \frac{AB}{AC} = \frac{x}{8}$$

$$\frac{x}{8} = \tan 35° \quad \text{donc} \quad x = 8 \times \tan 35°$$

La calculatrice donne $x = 5,60$ $AB \approx 5,6$ cm

Autres formules de trigonométrie à connaître

***x* étant la mesure d'un angle aigu**

$0 \leq \sin x \leq 1$

$0 \leq \cos x \leq 1$

$\tan x = \dfrac{\sin x}{\cos x}$ $\quad\quad \sin^2 x + \cos^2 x = 1$

Si deux angles sont complémentaires :
– le sinus de l'un est le cosinus de l'autre
– leurs tangentes sont inverses l'une de l'autre.

Valeurs exactes des rapports trigonométriques de certains angles particuliers.

$x°$	0°	30°	45°	60°	90°
$\cos x°$	1	$\frac{\sqrt{3}}{2}$	$\frac{\sqrt{2}}{2}$	$\frac{1}{2}$	0
$\sin x°$	0	$\frac{1}{2}$	$\frac{\sqrt{2}}{2}$	$\frac{\sqrt{3}}{2}$	1
$\tan x°$	0	$\frac{\sqrt{3}}{3}$	1	$\sqrt{3}$	╳

En métallurgie, menuiserie on utilise des tables donnant les dimensions des pièces en fonction des angles qui sont des tables de trigonométrie.

Polygone à quatre côtés : les quadrilatères

Un **quadrilatère** a quatre sommets, quatre côtés et quatre angles.

ABCD est un quadrilatère **convexe**.

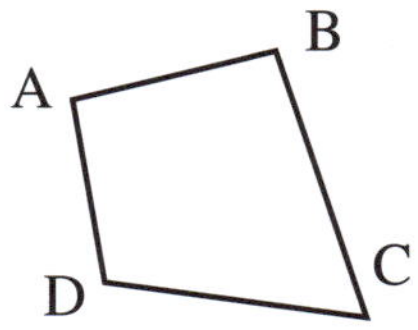

EFGH est un quadrilatère **croisé**.

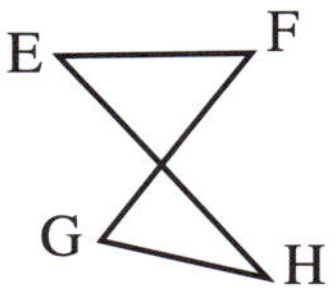

Dans un quadrilatère convexe un segment qui joint **deux sommets opposés** est une **diagonale**.

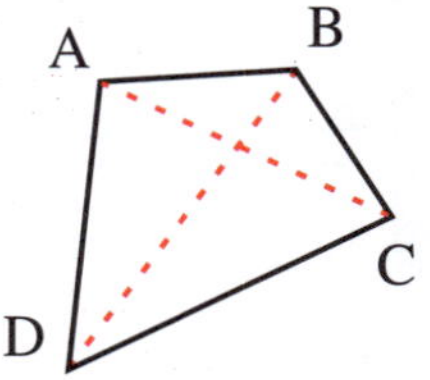

[BD] et [AC] sont des diagonales.

Les quadrilatères particuliers

1) La famille des trapèzes

Les **trapèzes** sont des quadrilatères ayant **deux côtés parallèles**.

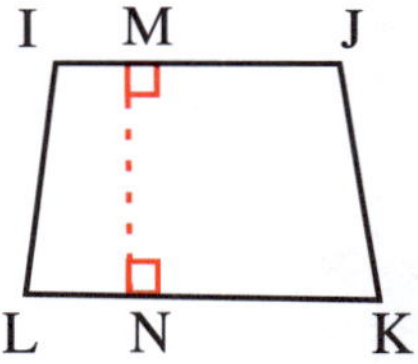

[IJ] // [LK] donc IJKL est un trapèze.
[MN] est la hauteur du trapèze.

Il y a deux trapèzes particuliers.

Le **trapèze rectangle a** un **côté perpendiculaire** aux deux côtés parallèles.

EFGH est un trapèze rectangle.

Le **trapèze isocèle** a les **deux côtés** non parallèles de **même longueur**.

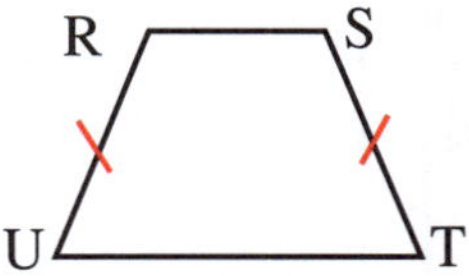

RSTU est un trapèze isocèle.

2) La famille des parallélogrammes

Cf tableau page suivante

Un **parallélogramme est** un quadrilatère dont les **côtés opposés sont parallèles 2 à 2**.

La famille des parallélogrammes

Parallélogramme	Rectangle	Losange	Carré
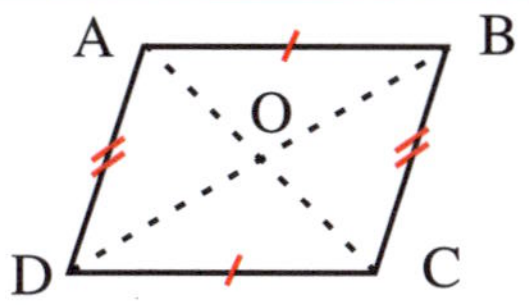	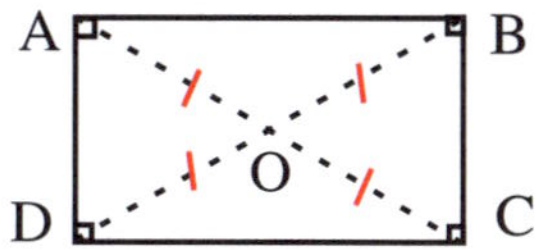	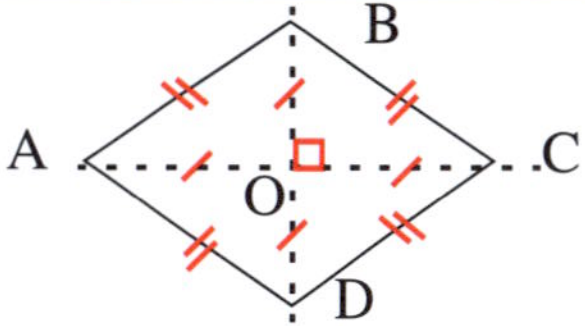	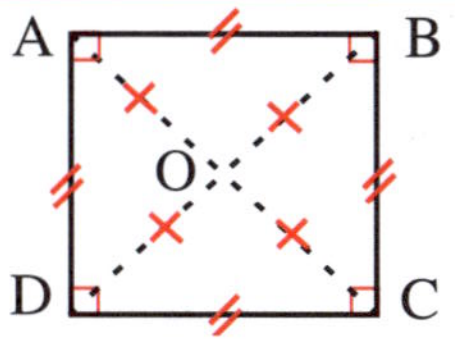
Quadrilatère ayant : ses côtés opposés parallèles (AB) // (DC) et (AD) // (BC)	Quadrilatère ayant au moins 3 angles droits	Quadrilatère ayant ses 4 côtés de même longueur AB = BC = AD = DC	Quadrilatère ayant 3 angles droits et 4 côtés de même longueur
Autres propriétés :	Autres propriétés : celles du parallélogramme	Autres propriétés : celles du parallélogramme	Propriétés du rectangle et du losange
Côtés opposés de même longueur AB = DC et AD = BC	→ idem	→ idem	→ idem
Angles opposés égaux $\hat{A} = \hat{C}$ $\hat{B} = \hat{D}$	→ idem	→ idem	→ idem
Diagonales de même milieu OA = OC OB = OD	→ idem	→ idem	→ idem
	Diagonales de même longueur OA = OB = OC = OD		→ idem
	Point d'intersection des diagonales centre cercle circonscrit		→ idem
		(AC) ⊥ (BD) diagonales perpendiculaires	→ idem

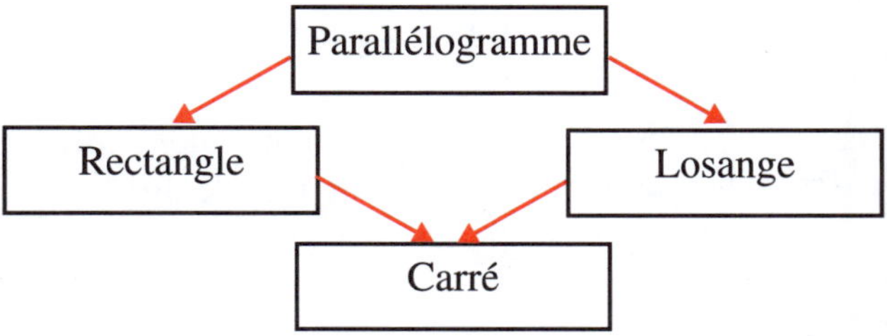

Polygones réguliers

Un polygone régulier de n côtés a **n sommets** situés **sur un cercle** et tous les **côtés** de **même longueur**.

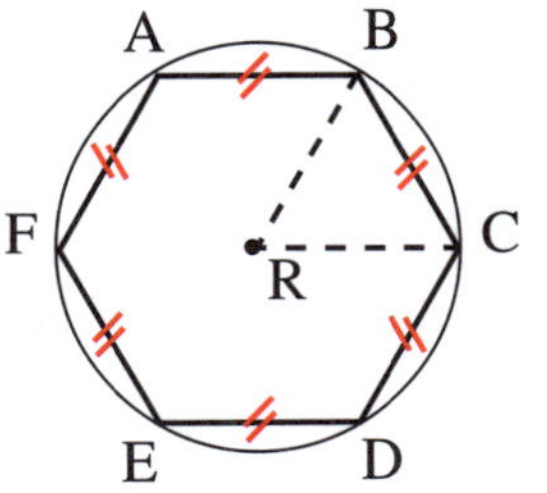

6 côtés : hexagone régulier

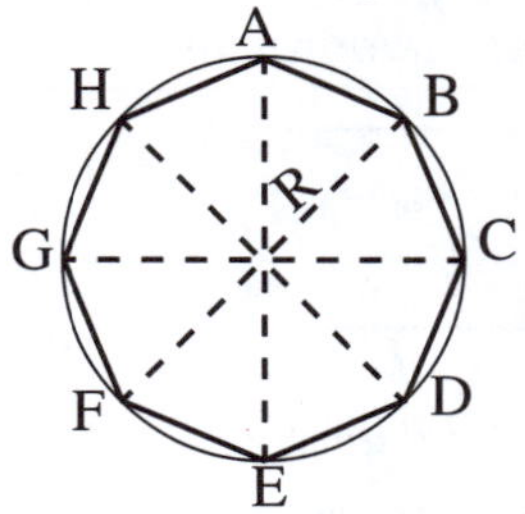

8 côtés : octogone régulier

Aires des polygones et autres figures

L'AIRE est la mesure de la surface comprise à l'intérieur du contour de la figure.

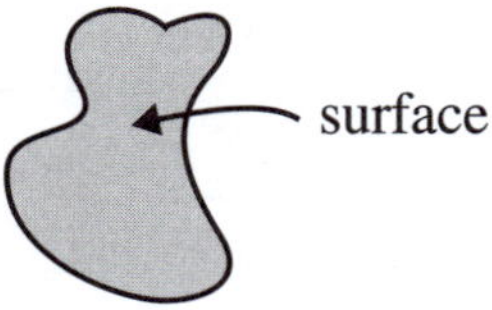

Formulaire

Figure	***Formule***
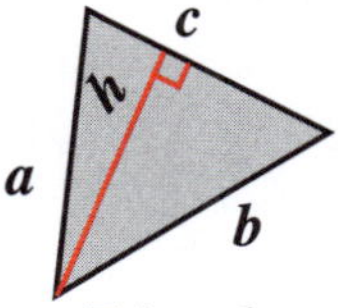 *Triangle*	$A = \dfrac{c \times h}{2}$ $A = \dfrac{\text{côté } \times \text{hauteur}}{2}$

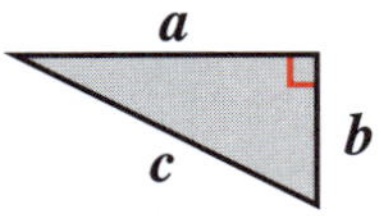 *Triangle rectangle*	$A = \dfrac{a \times b}{2}$ $A = \dfrac{1}{2}$ produit des côtés de l'angle droit
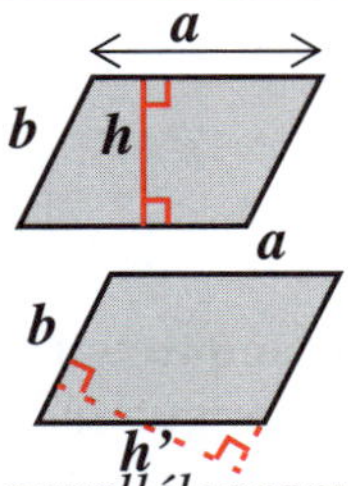 *parallélogramme*	$A = a \times h$ $A = b \times h'$ $A =$ côté × hauteur
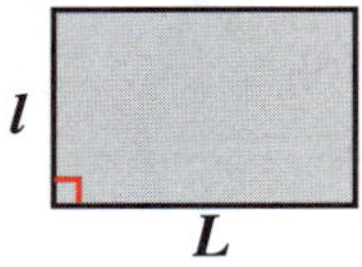 *Rectangle*	$A = L \times l$ $A =$ produit des deux côtés
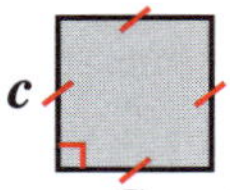 *Carré*	$A = c \times c = c^2$
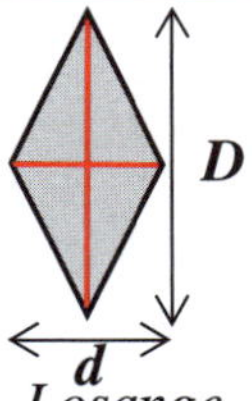 *Losange*	$A = \dfrac{D \times d}{2}$ $A = \dfrac{1}{2}$ produit des deux diagonales
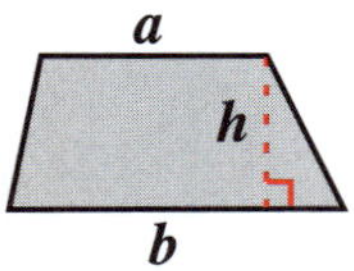 *Trapèze*	$A = \dfrac{(a + b) \times h}{2}$ $A = \dfrac{1}{2}$ produit de la somme des longueurs des côtés parallèles par la hauteur
 *Disque*	$A = \pi \times R^2$

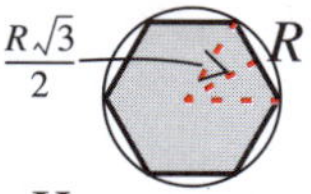 *Hexagone régulier*	$A = \frac{3R^2\sqrt{3}}{2}$
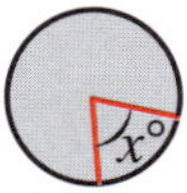 *Secteur circulaire*	$A = \frac{\pi R^2 \times x°}{360°}$

Unités d'aires : le mètre carré (m^2)

1 m^2 est l'aire d'un carré de 1 m de côté

km^2	hm^2	dam^2	m^2	dm^2	cm^2	mm^2
1	0 0		1	0 0		

1 km^2 = 100 hm^2 1 m^2 = 100 dm^2 1 dm^2 = 100 cm^2

Unités agraires et conversion : l'are (a), l'hectare (ha), le centiare (ca)

km^2	hm^2	dam^2	m^2	dm^2	cm^2	mm^2
	ha	a	ca			

1 ha = 1 hm^2 1a = 1 dam^2 1 m^2 = 1 ca

Signification des préfixes :

k	:	kilo	1 km = 1000 m
h	:	hecto	1 hm = 100 m
da	:	déca	1 dam = 10 m
d	:	déci	1 dm = 0,1 m
c	:	centi	1 cm = 0,01 m
m	:	milli	1 mm = 0,001 m

Le théorème de Thalès

Le théorème de Thalès

Pour utiliser le théorème de Thalès il faut avoir l'une des deux **figures caractéristiques** ci-dessous.

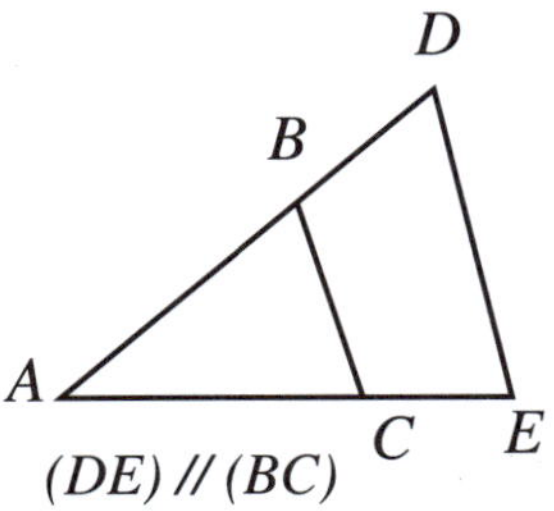

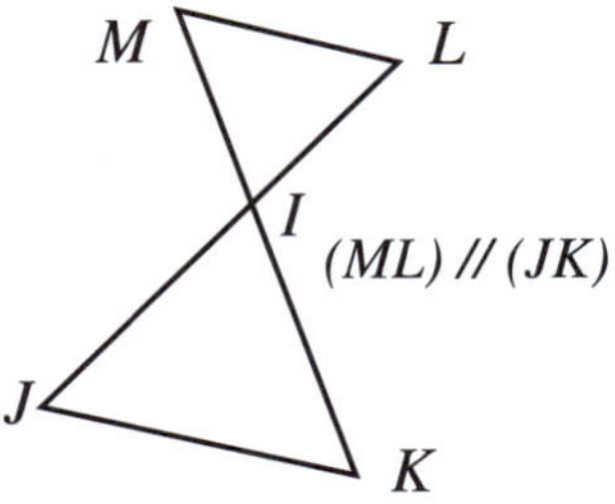

C'est-à-dire :

Conditions

> **Deux triangles ayant**
> **– un sommet commun**
> **– les autres sommets respectivement alignés avec le sommet commun**
> **– 2 côtés (un de chaque triangle) parallèles**

Quand on a reconnu une figure caractéristique alors on peut écrire **des rapports égaux**.

$$\begin{matrix} ABC \\ ADE \end{matrix} \Rightarrow \frac{AB}{AD} = \frac{BC}{DE} = \frac{AC}{AE} \qquad \begin{matrix} IML \\ IKJ \end{matrix} \Rightarrow \frac{IM}{IK} = \frac{IL}{IJ} = \frac{ML}{JK}$$

Remarque : Pour bien écrire les rapports, écrire d'abord les noms des sommets des deux triangles en faisant correspondre les sommets alignés $\begin{matrix} ABC \\ ADE \end{matrix}$

Utilisation

Le théorème de Thalès permet de calculer des longueurs de côtés.

Exemple

Dans la figure ci-contre, on sait

(CE) // (BD)

BD = 12 cm *AC = 5 cm*

AB = 8 cm *AE* = 3 cm

On veut calculer AD et CE ?

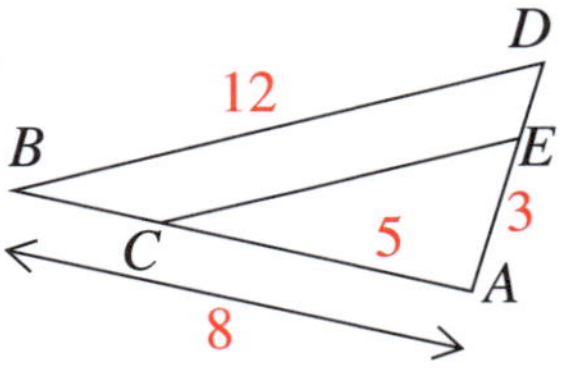

Les triangles *ABD* et *ACE* ayant :

- un sommet commun A
- les sommets *A*, *B*, *C* d'une part et *A*, *D*, *E* d'autre part alignés

sont en situation d'utilisation du théorème de Thalès et on peut écrire :

$$\begin{matrix} ABD \\ ACE \end{matrix} \Rightarrow \frac{AC}{AB} = \frac{CE}{BD} = \frac{AE}{AD}$$

On remplace par les valeurs connues

$$\frac{5}{8} = \frac{CE}{12} = \frac{3}{AD}$$

On extrait **une proportionnalité** de cette suite de rapports égaux et on applique la **propriété des produits en croix**.

$$\frac{5}{8} = \frac{CE}{12} \Rightarrow CE = \frac{5 \times 12}{8} \qquad CE = 7,5 \text{ cm}$$

$$\frac{5}{8} = \frac{3}{AD} \Rightarrow AD = \frac{3 \times 8}{5} \qquad AD = 4,8 \text{ cm}$$

Réciproque du théorème de Thalès

Si **deux triangles** ABC et ADE ont :

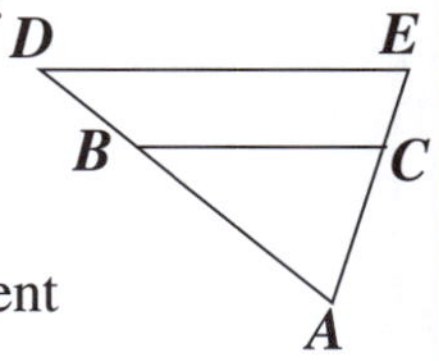

– **un sommet commun** A

– les sommets A, B, D et A, C, E **alignés dans le même ordre**

–Si après avoir calculé numériquement

1) $\frac{AB}{AD}$ 2) $\frac{AC}{AE}$

On trouve **le même résultat** alors on peut écrire

$$\frac{AB}{AD} = \frac{AC}{AE}$$

On **reconnaît alors qu'il s'agit de rapports caractéristiques du théorème de Thalès et donc que la figure est une figure caractéristique du théorème de Thalès donc (BC) // (DE)**

Utilisation de la réciproque du théorème de Thalès

La réciproque du théorème de Thalès permet quand on connaît les longueurs des côtés de montrer que des côtés sont parallèles.

Exemple

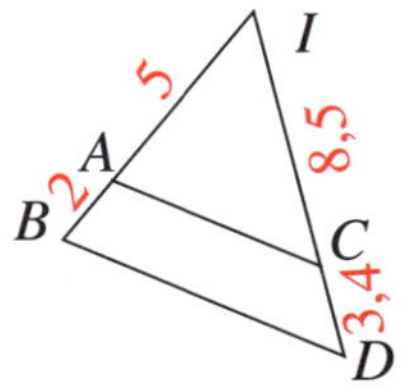

Dans la figure ci-contre, on sait

(AC) // (BD)

Dans la figure ci-contre on connaît

$IA = 5$ cm $\quad AB = 2$ cm

$IC = 8{,}5$ cm $\quad CD = 3{,}4$ cm

On veut savoir si (AC) // (BD) ?

Les triangles *IAC* et *IBD* ont :

– un sommet commun I

– *I*, *A*, *B* et *I*, *C*, *D* alignés dans cet ordre

$$\frac{IA}{IB} = \frac{5}{5+2} = \frac{5}{7}$$

$$\frac{IC}{ID} = \frac{8,5}{8,5+3,4} = \frac{8,5}{11,9} = \frac{85}{119} = \frac{5 \times 17}{7 \times 17} = \frac{5}{7}$$

donc $\frac{IA}{IB} = \frac{IC}{ID}$

On reconnaît une proportionnalité du théorème de Thalès donc la figure est caractéristique du théorème de Thalès donc *(AC) // (BD)*

Un cas particulier du théorème de Thalès : la droite des milieux (rapport $\frac{1}{2}$)

Dans un triangle, si une droite passe par le **milieu d'un côté** et si elle est **parallèle à un autre côté** alors **elle passe par le milieu du troisième côté**.

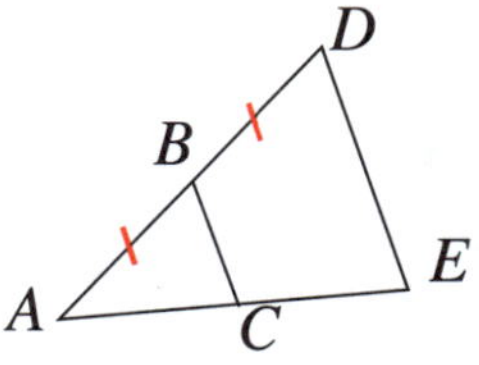

$\left.\begin{array}{l}B \text{ milieu de } [AD] \\ (BC) \,//\, (DE)\end{array}\right\}$ alors *C* milieu [*AE*]

Dans un triangle, le segment qui joint les **milieux des deux côtés** est **parallèle au troisième côté et sa longueur** égale la moitié de celle du troisième côté.

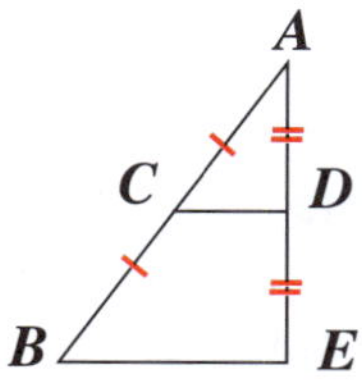

Dans le triangle *ABE*

Si $\begin{cases} C \text{ milieu de [AB]} \\ \text{et} \\ D \text{ milieu de [AE]} \end{cases}$ alors $(CD) /\!/ (BE)$ et $CD = \frac{1}{2}BE$

Utiliser le théorème de Thalès dans la vie : *pour mesurer la hauteur d'un arbre ou d'un immeuble*

Un observateur se place face à l'arbre à une distance connue (50 m par exemple).

On place un baton de longueur connue (dans l'exemple 3 m) entre l'observateur et l'arbre de telle façon que celui-ci voit le sommet du baton et le sommet de l'arbre dans le même alignement. On mesure la distance (4 m). Si l'œil de l'observateur est à 1,70 m du sol on peut écrire par le théorème de Thalès

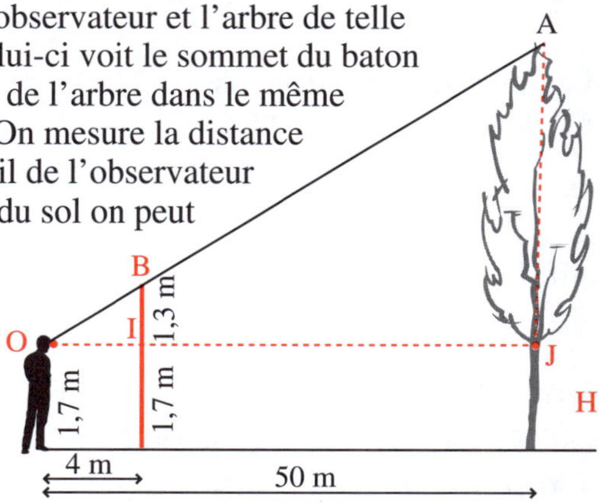

$$OBI \quad OAJ \qquad \frac{OI}{OJ} = \frac{BI}{AJ} \text{ soit } \frac{4}{50} = \frac{3-(1,70)}{AJ}$$

$$\frac{4}{50} = \frac{1,3}{AJ} \text{ donc } AJ = \frac{50 \times 1,3}{4} = 16,25$$

L'arbre mesure 16,25 + 1,70 = **17,95 m**

La légende attribue à Thalès de Millet (v. 624 – v. 548 av. J.-C.) l'utilisation de cette méthode pour mesurer les pyramides d'Egypte.

Les transformations du plan

On définit une transformation dans le plan quand il existe un mode de correspondance qui à tout point du plan associe un point unique du plan (son image).
Ce mode de correspondance peut être défini de façon théorique ou par un programme de dessin.

J'ai défini une transformation qui associe A' à A et B' à B.

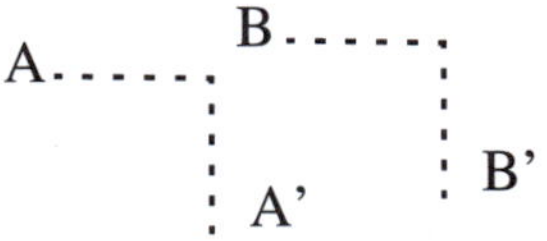

Les transformations sont connues par leur nom et leur définition c'est-à-dire leur mode de correspondance.

La translation

Le point M' est l'image de M dans la translation de vecteur $\overrightarrow{AB}$ notée $t_{\overrightarrow{AB}}$ si $\overrightarrow{MM'} = \overrightarrow{AB}$

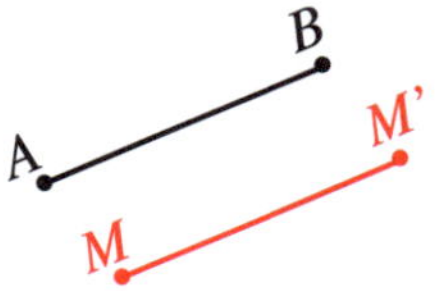

Ecrire $\overrightarrow{MM'} = \overrightarrow{AB}$ signifie 3 propriétés

$(MM') \parallel (AB)$: **droites parallèles**

MM' et AB ont le **même sens**

$(MM' = AB)$: **mêmes longueurs**

La translation donne une image par «glissement»

Dans une translation

– un **segment** a pour **image** un **segment parallèle**, de **même sens** et de **même longueur**

– un **angle** a pour **image** un **angle égal**

– les **images** de deux droites **parallèles** sont des droites **parallèles**

– les **images** de deux droites **perpendiculaires** sont des droites **perpendiculaires.**

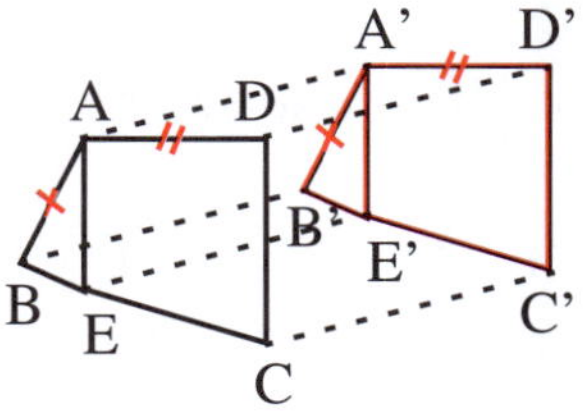

La symétrie centrale

Le point M' est l'image de M dans la symétrie de centre O notée S_O si O est le milieu de [MM']

On dit que M et M' sont symétriques par rapport à O.

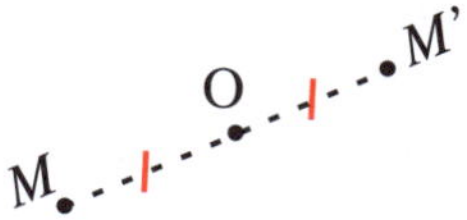

La symétrie centrale donne une image par «demi-tour».

Dans une symétrie centrale

– un **segment** a pour **image** un **segment parallèle**, de **même longueur** mais de **sens contraire**

– un **angle** a pour **image** un **angle égal**

– les **images** de deux droites **parallèles** sont des droites **parallèles**

–les **images** de deux droites **perpendiculaires** sont des droites **perpendiculaires.**

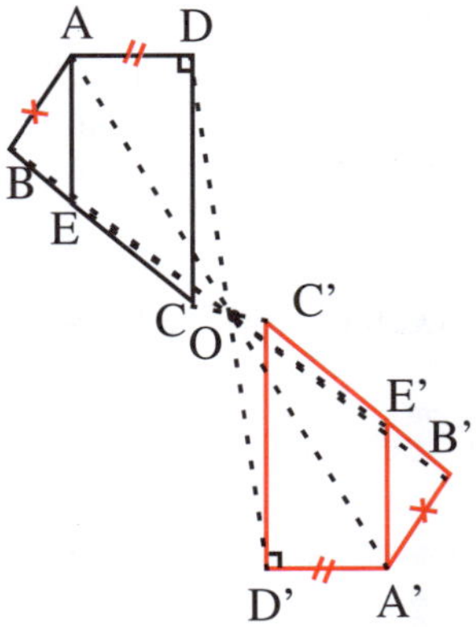

La symétrie axiale orthogonale

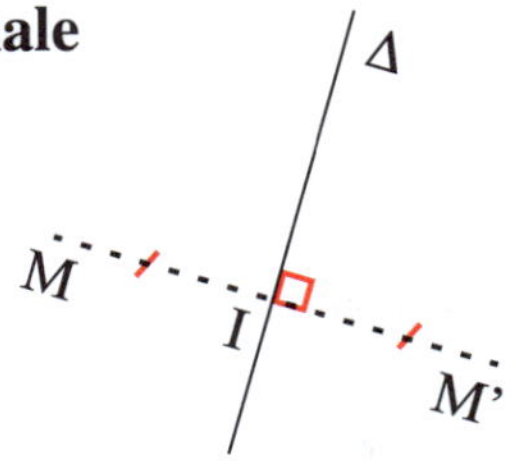

Le point M' est l'image de M dans la symétrie orthogonale d'axe Δ notée S_{Δ} si Δ est la médiatrice de [MM'].

On dit que M et M' sont symétriques par rapport à Δ.

La symétrie orthogonale donne une image par «pliage».

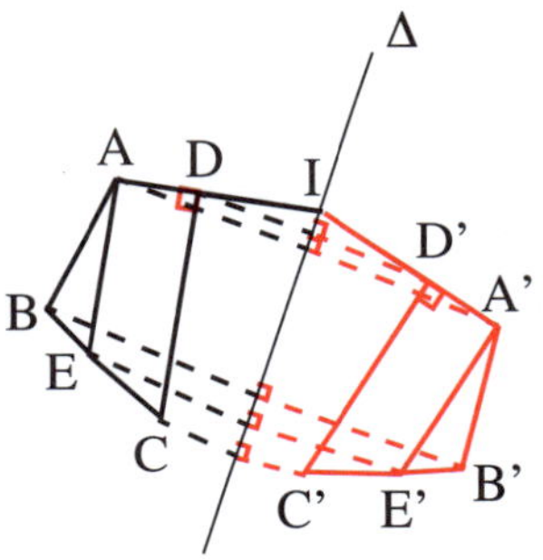

Dans une symétrie axiale orthogonale
– un **segment** a pour **image** un segment de **même longueur**
– une **droite** et son **image** sont **sécantes** sur **l'axe de la symétrie**
– un **angle** de deux droites **parallèles** sont des droites **parallèles**
– les **images** de deux droites **perpendiculaires** sont des droites **perpendiculaires**
– tous les points de l'axe sont leur propre image.

Axes et centre de symétrie

Une figure a un centre de symétrie s'il existe un point O tel que, dans la symétrie ayant O pour centre, tous les points de la figure ont pour image un autre point de la figure.

La figure est globalement invariante.

Figure ayant un centre de symétrie.

> Une figure a un axe de symétrie s'il existe une droite Δ telle que, dans la symétrie ayant Δ pour axe, tous les points de la figure ont pour image un autre point de la figure.

La figure est globalement invariante.

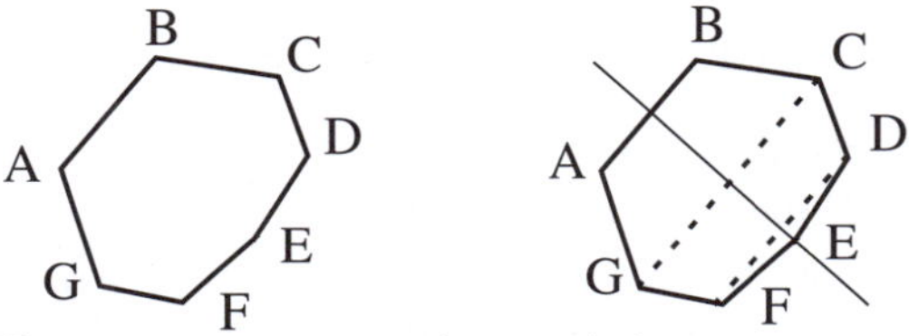

Figure ayant un axe de symétrie.

Figures particulières ayant **un centre de symétrie et (ou) un (des) axe de symétrie**.

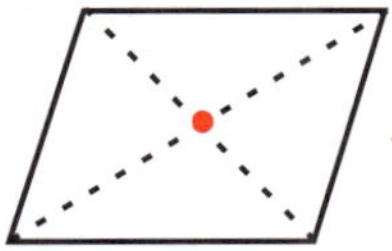

Parallélogramme

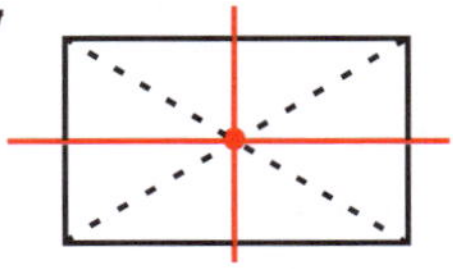

Rectangle

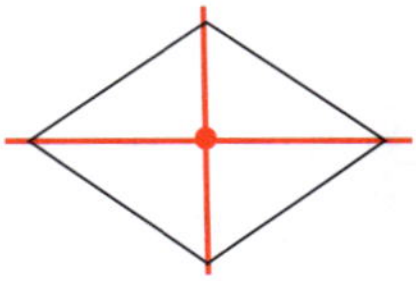

Losange

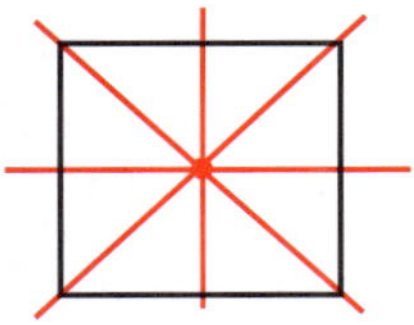

Carré

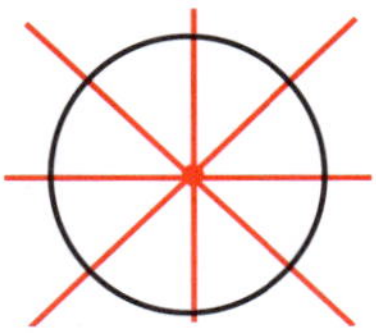

Cercle

Triangle isocèle

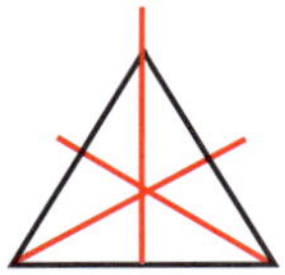

Triangle équilatéral

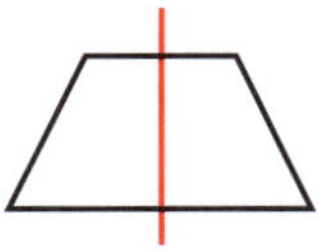

Trapèze isocèle

La rotation

Le point M' est l'image de M dans la rotation de centre 0, d'angle $x°$, dans le sens inverse des aiguilles d'une montre (on note R(0, $x°$, ↺))
Si OM' = OM

$\widehat{MOM'} = x°$

$\overset{\frown}{MM'}$ a le sens inverse des aiguilles d'une montre.

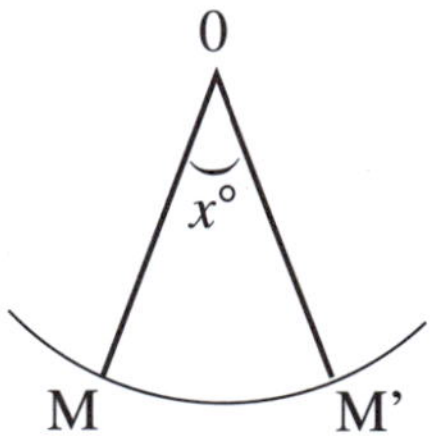

La rotation donne une image «en tournant».

Dans la figure ci-contre

A'est l'image de A dans la rotation de centre 0, d'angle 120°, dans le sens inverse des aiguilles d'une montre R(0, 120°, ↺)

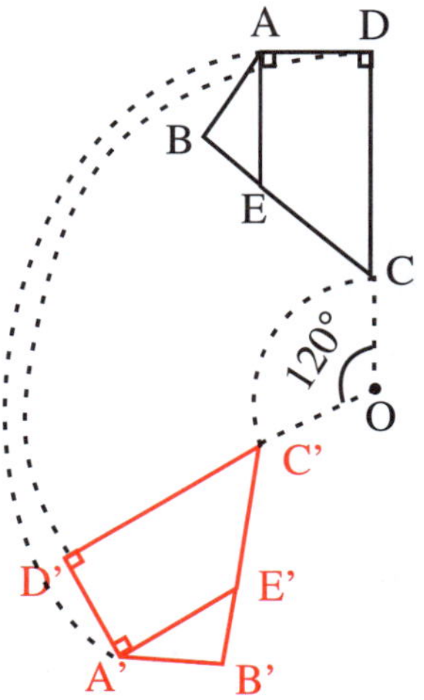

Dans une rotation
- un **segment** a pour **image** un **segment** de **même longueur**
- une droite et son image forment un angle égal à l'angle de rotation
- un **angle** a pour **image** un **angle égal**
- les **images** de deux droites **parallèles** sont des droites **parallèles**
- les **images** de deux droites **perpendiculaires** sont **perpendiculaires.**

AD = A'D'

AB = A'B'

$\widehat{BAD} = \widehat{B'A'D'}$

(AE) // (DC) et
(A'E') // (D'C')

$(AD) \perp (DC)$ et
$(A'D') \perp (D'C')$

Les repères du plan

REPÉRER SUR UNE DROITE

Une droite sur laquelle on place **un point O** appelé origine et un **point I** tel que **OI = 1** (l'unité choisie) **est une droite munie d'un repère (O, I).**

Quand le repère (O,I) est placé, il est alors possible de graduer la droite.

Une droite munie d'un repère (O,I) peut être graduée et orientée : c'est un axe.

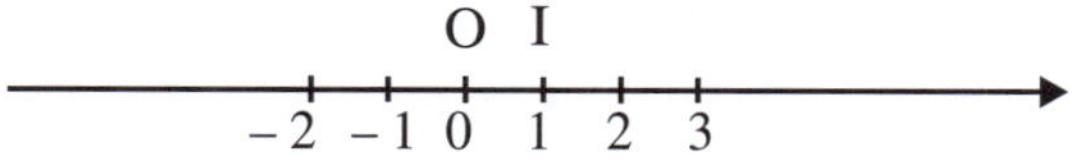

Tous les **points** d'un axe **correspondent** à **un nombre** (entier décimal ou fractionnaire) : **c'est l'abscisse du point**.

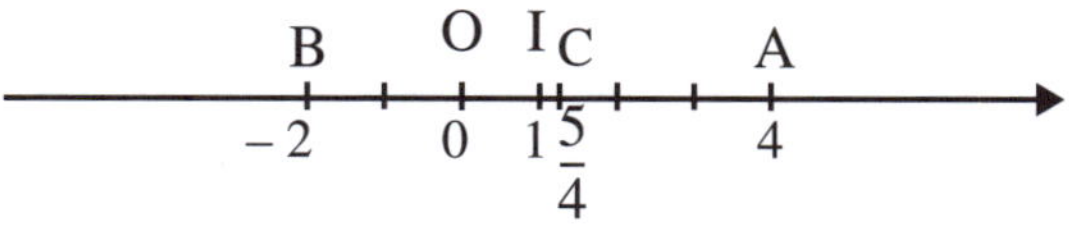

L'abscisse de A est 4 : on écrit $x_A = 4$

L'abscisse de B est –2 : on écrit $x_B = -2$

L'abscisse de C est $\frac{5}{4}$, on écrit $x_C = \frac{5}{4}$

Milieu d'un segment

Si deux points A et B sont repérés sur un axe.

Si M est le milieu d'un segment [AB] on peut calculer l'abscisse de M.

$$x_M = \frac{x_A + x_B}{2}$$

Exemple

Sur une droite munie d'un repère (O, I) on a placé les points A et B tels que $x_A = 2,3$ et $x_B = -5,1$.

Calculer l'abscisse de M milieu de [AB].

$$x_M = \frac{x_A + x_B}{2}$$

$$x_M = \frac{2,3 - (5,1)}{2} = \frac{2,3 - 5,1}{2} = \frac{-2,8}{2}$$

$$x_M = -1,4$$

Vérification :

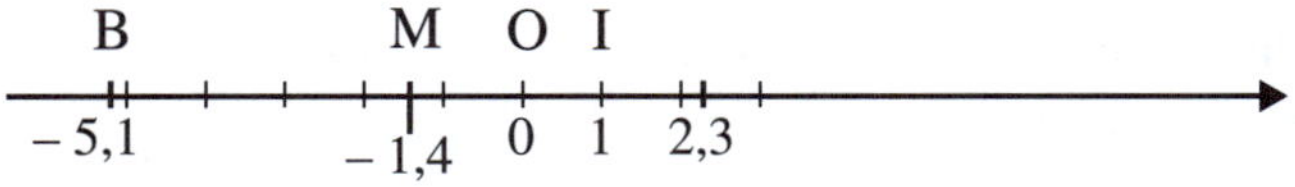

REPÉRER DANS LE PLAN

Pour repérer les points qui ne sont pas placés sur une droite il faut :

un couple de deux droites ayant la même origine, chacune étant munie d'un repère : c'est le repère (O, I, J).

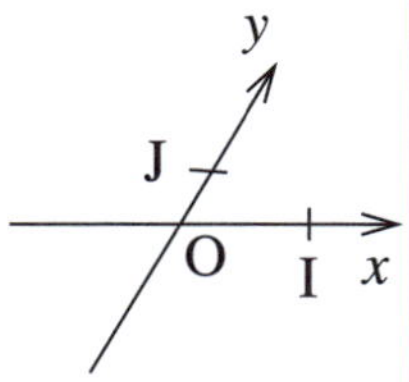	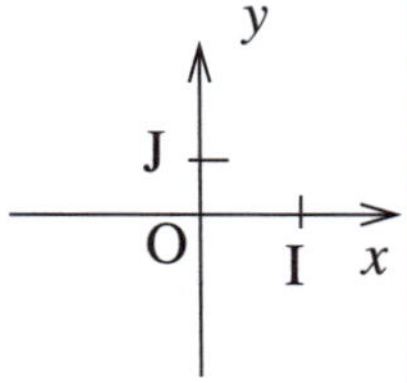	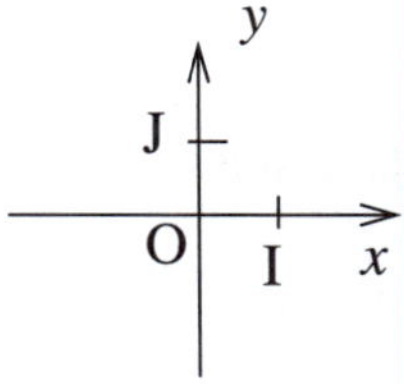
Repère **cartésien** Axes quelconques Unités quelconques	Repère **orthogonal** Axes perpendiculaires Unités quelconques	Repère **orthonormal** ou **orthonormé** Axes perpendiculaires Même unité

Coordonnées d'un point

A partir d'un point d'un plan on peut construire deux projetés sur chaque axe parallèlement à l'autre A_1 et A_2. Ces deux points correspondent uniquement au point A. Ces points A_1 et A_2 étant placés sur un axe correspondent à des nombres 3 pour A_1 et 5 pour A_2. Le point A est défini par les 2 nombres 3 et 5.

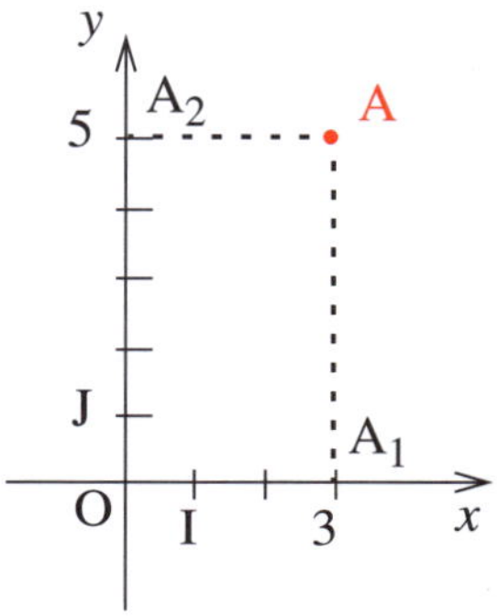

On écrit A (3 ; 5) et on lit A a pour **coordonnées 3 et 5**.

Nombre correspondant au projeté sur le repère (O,I)
C'est l'**abscisse de** A

Nombre correspondant au projeté sur le repère (O,J).
C'est l'**ordonnée de** A

L'ordre d'écriture des 2 nombres est impératif.

Coordonnées de points particuliers

– Points de l'axe des abscisses (O, I)
B (4 ; 0) ; C (– 2 ; 0) ; I (1 ; 0)
– Points de l'axe des ordonnées (O, J)
D (0 ; 3) ; E (0 ; – 4) ; J (0 ; 1)

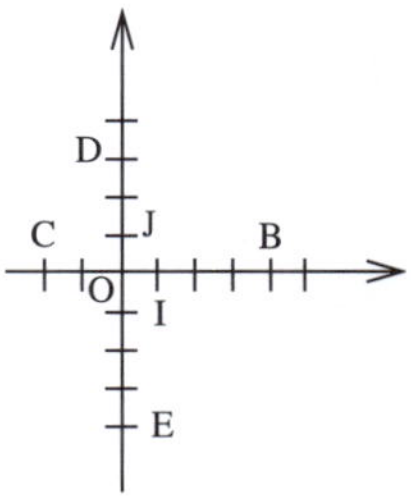

Milieu d'un segment

Si deux point A et B sont repérés dans un plan $A\,(x_A;y_A)$ et $B\,(x_B;y_B)$ et si M est le milieu de [AB], on peut calculer les coordonnées de M :

$$M(x_M = \frac{x_A + x_B}{2}\,;\, y_M = \frac{y_A + y_B}{2})$$

1er exemple

Dans un repère orthogonal (O, I, J) on place les points A(– 2 ; 3) ; B(6 ; – 5).

Calculer les coordonnées du milieu *M* de [AB]

Si *M* est le milieu de [AB] on peut écrire

$$M\left(x_M = \frac{x_A + x_B}{2};\ y_m = \frac{y_A + y_B}{2}\right)$$

$$M\left(x_M = \frac{-2 + 6}{2};\ y_M = \frac{3 - 5}{2}\right)$$

M (2 ; – 1)

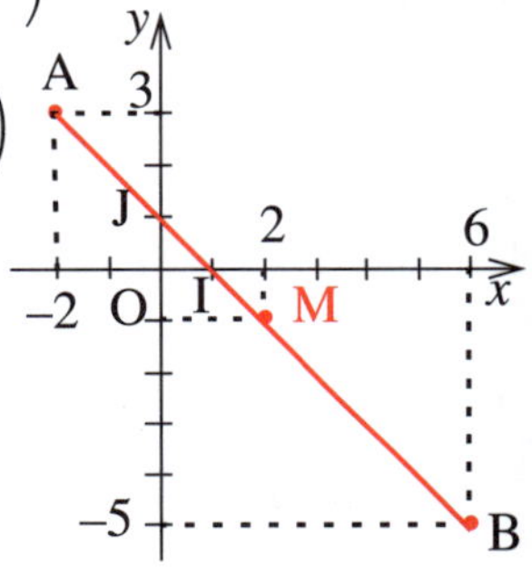

2e exemple

Dans un repère orthogonal (O, I, J) on place les points A (– 2 ; 3) ; B (– 5 ; 1). Calculer les coordonnées de C tel que A soit le milieu de [BC].

Si A est le milieu de [BC] on peut écrire

$$A(x_A = \frac{x_B + x_C}{2}\ ; y_A = \frac{y_B + y_C}{2})$$

$$-2 = \frac{-5 + x_C}{2}\ ; 3 = \frac{1 + y_C}{2}$$

$- 2 \times 2 = - 5 + x_C ; 3 \times 2 = 1 + y_C$

$- 4 = - 5 + x_C\ ; 6 = 1 + y_C$

$- 4 + 5 = x_C\ ; 6 - 1 = y_C$

C (1 ; 5)

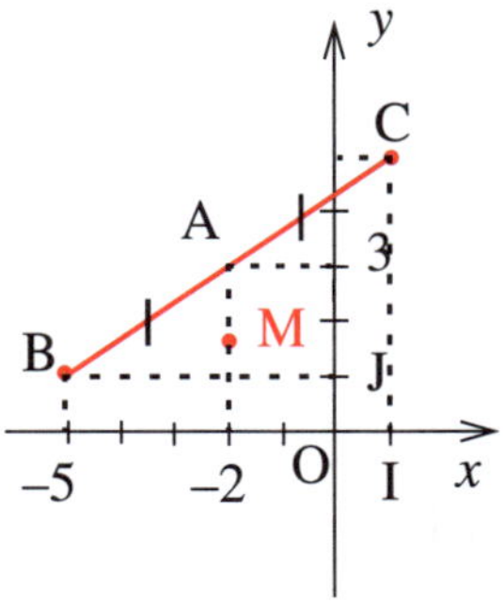

Longueur d'un segment

Si deux points A et B sont repérés dans **un repère orthonormal exclusivement** A(x_A ; y_A) et B(x_B ; y_B) on peut calculer la longueur du segment AB :

$$AB^2 = (x_B - x_A)^2 + (y_B - y_A)^2$$

ou

$$AB = \sqrt{(x_B - x_A)^2 + (y_B - y_A)^2}$$

Exemple

Dans un repère orthonormal tel que OI = OJ = 1 cm on place A(3 ; – 1) et B (2 ; 5)

Calculer la longueur du segment AB.

$AB^2 = (x_B - x_A)^2 + (y_B - y_A)^2$

$AB^2 = (2-3)^2 + (5-(-1))^2 = (2-3)^2 + (5+1)^2$

$AB^2 = (-1)^2 + 6^2$

$AB^2 = 1 + 36$

$AB^2 = 37$

AB = $\sqrt{37}$ cm

Coordonnées d'un vecteur

Pour un vecteur $\overrightarrow{AB}$ les nombres $x_B - x_A$ et $y_B - y_A$ que l'on a utilisés dans la formule précédente sont les coordonnées du vecteur (ou composantes).

Pour calculer les coordonnées d'un vecteur $\overrightarrow{AB}$

$\overrightarrow{AB}$ $(x_B - x_A ; y_B - y_A)$

$\overrightarrow{AB}$ (3 – (– 1)) ; 2 – 3)

$\overrightarrow{AB}$ (3 + 1 ; 2 – 3)

$\overrightarrow{AB}$ (4 ; – 1)

Nous retrouvons 4 (horizontalement) et –1 (verticalement) sur le triangle rectangle déterminé par [AB].

Deux vecteurs égaux ont les mêmes coordonnées.

Equation d'une droite dans un repère

Tous les points dont les coordonnées (x, y) vérifient
$y = 2x - 1$ sont alignés :

pour $x = 1$; $y = 2 \times 1 - 1 = 1$; A(1 ; 1)

pour $x = 2$; $y = 2 \times 2 - 1 = 3$; B(2 ; 3)

pour $x = -1$; $y = 2 \times (-1) - 1 = -3$; C (– 1; – 3)

pour $x = 0$; $y = 2 \times 0 - 1 = -1$; D (0 ; – 1)

$y = 2x - 1$ est appelée l'équation de la droite.

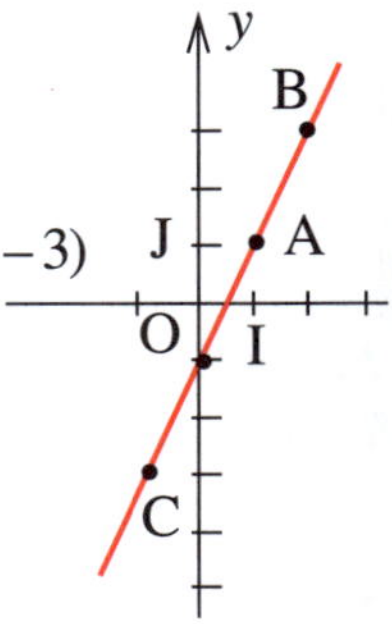

En généralisant,

Tous les points dont les coordonnées (x, y) sont solutions d'une équation du type $y = ax + b$ sont représentés par une droite.
L'équation d'une droite est de la forme $y = ax + b$ et les couples (x, y) solutions de cette équation sont représentés par des points de la droite.

Différents types d'équations

Droite quelconque	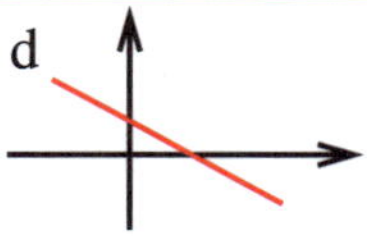	$y = ax + b$
Droite passant par l'origine	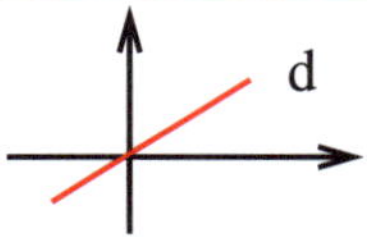	$y = ax$
Droite parallèle à l'axe (O, I) et passant par M (O,b) :	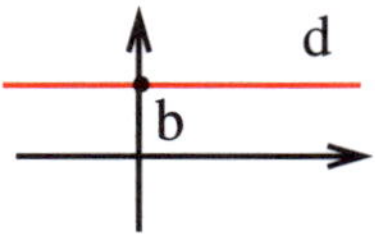	$y = b$
Droite parallèle à l'axe (O, J) et passant par M(C,O)	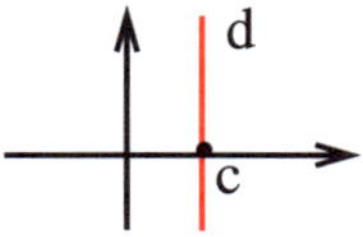	$x = c$

Signification des coefficients *a* et *b* de l'équation d'une droite

Dans l'équation d'une droite mise sous la forme réduite $y = ax + b$

***a* est le coefficient directeur de la droite**

***b* est l'ordonnée à l'origine** (c'est-à-dire la valeur de y si x = 0 donc les coordonnées du point de la droite qui est sur (O, J)).

Construire une droite quand on connaît son équation

Exemple : Construire la droite d dont l'équation est $y = -2x + 5$

Principe : il faut trouver deux points donc deux couples solutions.

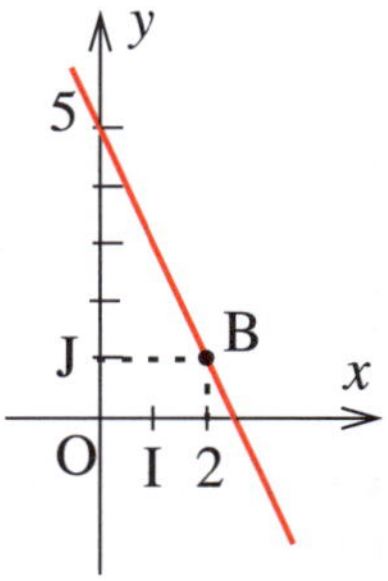

Méthode

5 étant l'ordonnée à l'origine la droite passe par A (0 ; 5)

Si $x = 2$; $y = (-2) \times 2 + 5 = 1$

(2 ; 1) est solution donc B (2 ; 1) $\in$d.

Trouver l'équation réduite d'une droite

Principe : il faut connaître les coordonnées de deux points de la droite.

1re méthode

Trouver l'équation réduite de la droite passant par les points A (3 ; 4) et B (– 6 ; 7)

L'équation de la droite est de la forme $y = ax + b$

Les coordonnées des deux points sont des couples solutions donc on peut remplacer x et y par ces valeurs.

$4 = a \times 3 + b$

$7 = a \times -6 + b$

Il suffit alors de résoudre ce système pour trouver a et b.

On trouve $a = -\frac{1}{3}$ et $b = 5$

L'équation réduite de la droite est $y = -\frac{1}{3}x + 5$

2e méthode

Une formule pour trouver le coefficient directeur

Si une droite passe par deux points A $(x_A;y_A)$ et B $(x_B;y_B)$, le coefficient directeur de la droite passant par A et B se calcule ainsi : $a = \dfrac{y_B - y_A}{x_B - x_A}$

Exemple

Trouver l'équation réduite d'une droite passant par A (2 ; – 5) et B (– 1 ; 4)

La formule précédente permet de trouver a.

$$a = \frac{y_B - y_A}{x_B - x_A} = \frac{4+5}{-1-2} = \frac{9}{-3} = -3$$

Il suffit ensuite de remplacer dans $y = ax + b$, a par sa valeur et x et y par les coordonnées d'un point.

$-5 = -3 \times 2 + b$ donc $b = 1$

L'équation réduite de la droite est $y = -3x + 1$

Coefficients directeurs des droites parallèles ou perpendiculaires.

Si deux droites **sont parallèles** et si ces droites sont définies par leurs **équations réduites** : elles ont **le même coefficient directeur.**

Si deux droites **sont perpendiculaires** et si ces droites sont définies par leurs **équations réduites** : alors **le produit des coefficients directeurs est égal à – 1.**

Equations à deux inconnues

RÉSOLUTION GRAPHIQUE

Nous avons appris page 7 à résoudre un système d'équations à 2 inconnues.

Par exemple :

$$\begin{cases} 2x - 3y = 9 \\ -3x + 2y = -11 \end{cases}$$

Nous remarquons que ces équations peuvent être transformées et écrites sous la forme $y = ax + b$

$$\begin{cases} -3y = 9 - 2x \\ 2y = 3x - 11 \end{cases} \quad \begin{cases} y = \frac{-2x}{-3} + \frac{9}{-3} \\ y = \frac{3x}{2} - \frac{11}{2} \end{cases} \quad \begin{cases} y = \frac{2}{3}x - 3 \\ y = \frac{3}{2}x - \frac{11}{2} \end{cases}$$

Il est alors possible de représenter ces équations par des droites.

Dans le cas général ces droites sont sécantes et le couple de coordonnées du point commun étant solution des deux équations est la solution du système, ici (3 ; – 1)

Pour résoudre graphiquement un système de deux équations à 2 inconnues
- **les mettre sous la forme réduite $y = ax + b$**
- **les représenter par des droites**
- **si les droites sont sécantes, le couple de coordonnées du point commun est la solution du système.**

Les solides dans l'espace

Les prismes droits

Les prismes droits ont deux faces identiques parallèles pouvant avoir la forme d'un polygone quelconque (triangle, rectangle, carré, losange, trapèze…) **que l'on appelle les bases, les autres faces étant toutes des rectangles** (les bases sont perpendiculaires aux autres faces).

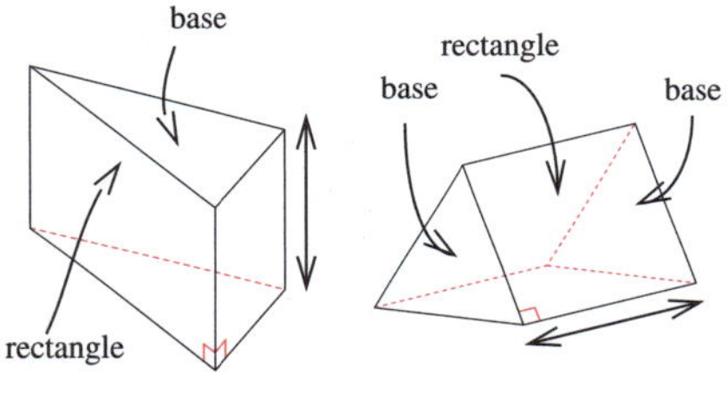

Prismes droits à base triangulaire

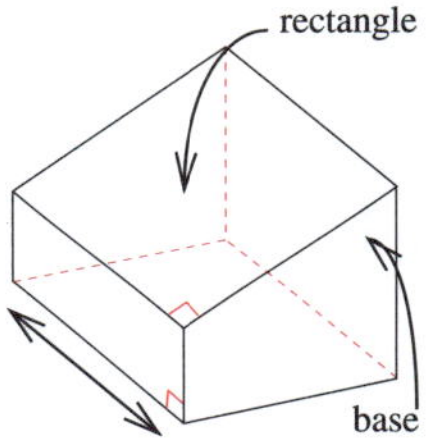

Prisme droit dont la base est un trapèze

Deux prismes droits particuliers

Le cube	Le parallélépipède rectangle
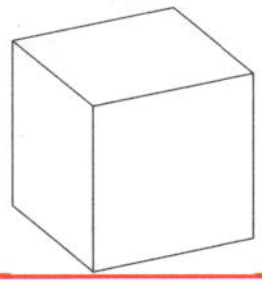 **Toutes** les faces sont des **carrés**	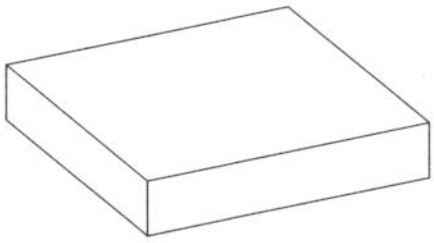 **Toutes** les faces sont des **rectangles**

Un solide apparenté : le cylindre

Les bases sont des disques. Une face latérale : un rectangle.

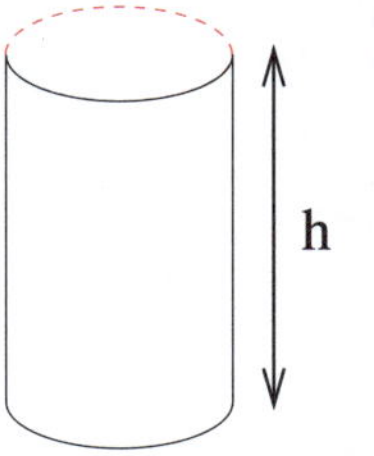

Volume

Si on appelle hauteur la longueur d'une arête perpendiculaire aux bases on calcule le volume de tous les prismes droits de la manière suivante :

$$V_{\text{prisme droit}} = Aire_{\text{d'une base}} \times h_{\text{hauteur}}$$

Cas particuliers

Cube	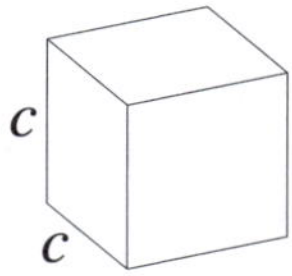	$V = \underbrace{c \times c}_{\text{aire base}} \times c = c^3$
Parallélé-pipède rectangle	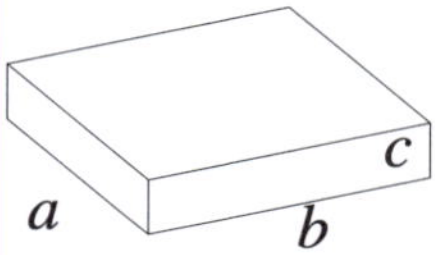	$V = \underbrace{a \times b}_{\text{aire base}} \times c$
Cylindre	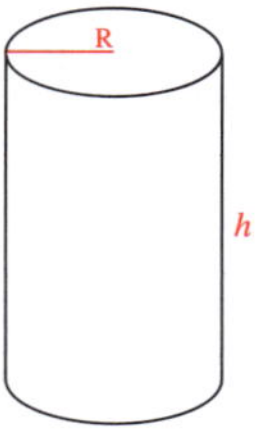	$V = \underbrace{\pi \times R^2}_{\text{aire base}} \times c$

La sphère : la boule

Tous les points d'une sphère sont à égale distance d'un point qui est le centre.

La boule est la partie de l'espace située à l'intérieur et sur la sphère.

OA = OB = OC = OD = R

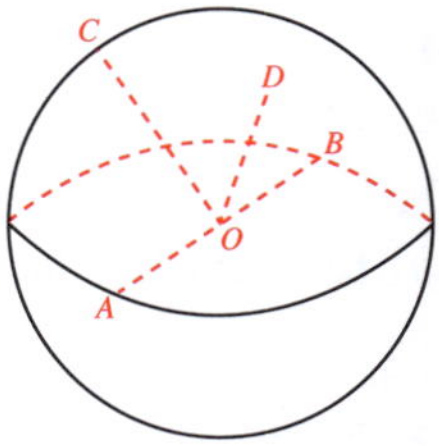

$$V_{boule} = \frac{4}{3} \times \pi \times R^3$$

Les solides «pointus» pyramides et cônes

Une pyramide est un solide ayant une face pouvant avoir la forme d'un polygone quelconque et dont les autres faces sont des triangles.

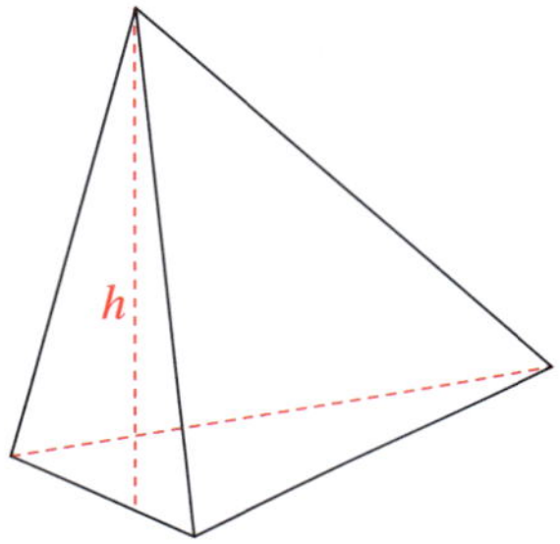

Pyramide à **base triangulaire** ou tétraèdre

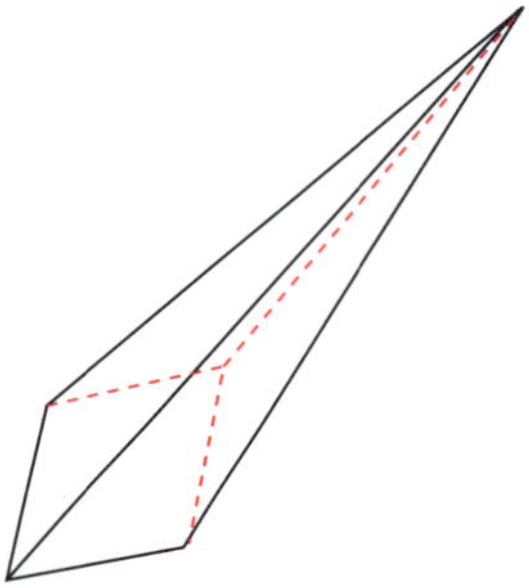

Pyramide dont la **base est un quadrilatère**

La hauteur d'une pyramide est la **perpendiculaire** à la base issue du sommet.

Une pyramide est régulière si tous **les côtés de la base sont de même longueur** et les faces latérales **sont des triangles isocèles**.

Si la base est un triangle équilatéral, un carré, un losange, un hexagone régulier alors la pyramide est régulière.

Dans le cas d'une **pyramide régulière le pied de la hauteur est le centre de gravité de la base**.

Exemple

Pyramide régulière à base carrée.

Volume

$$V_{pyramide} = \frac{1}{3} \times Aire_{base} \times h_{hauteur}$$

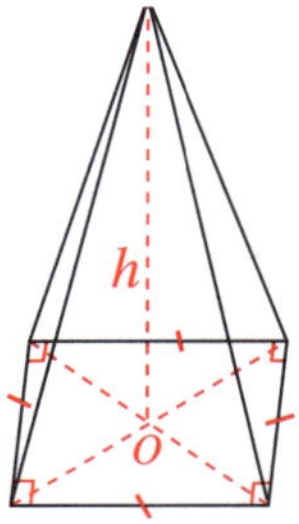

Un solide associé : le cône de révolution

Dans un cône de révolution la base est un disque : il est obtenu par un triangle rectangle tournant autour d'un côté de l'angle droit.

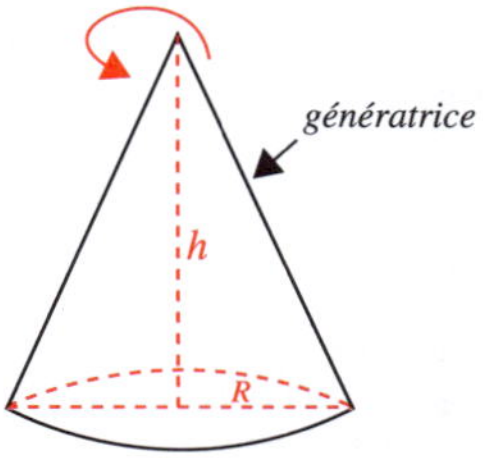

$$V_{cone} = \frac{1}{3} \times \underbrace{\pi R^2}_{\text{aire base}} \times h_{hauteur}$$

Rappelons les unités de volume : unité de base le mètre cube (m^3)

Unités de volumes

dam^3	m^3	dm^3	cm^3	mm^3
	1	0 0 0		
		1	0 0 0	

$$1m^3 = 1000dm^3 \quad 1dm^3 = 1000cm^3 \text{ etc.}$$

Rappelons les **unités de capacité** et leurs correspondances.

unité de base : le litre

dm^3	cm^3
1	dl cl ml

1 l = 1 dm^3

1 l = 100 cl 1 dl = 10 cl 1 cl = 10 ml

Attention 1 cl = 10 cm^3

INDEX